ファミリー日誌
2019

JN191718

日誌の部

「日誌のしおり」部門別表題 …………………………… 1
年齢早見表、平成31年年回表、結婚記念日 …………… 3
年間予定表 ………………………………………………… 4
平成31年略歴 ……………………………………………… 6
各月の節気・行事、月相、花き・園芸作業等、暦と行事予定表
　1月 …………… 7　　5月 …………… 83　　9月 …………… 161
　2月 …………… 27　　6月 …………… 103　　10月 ………… 179
　3月 …………… 45　　7月 …………… 121　　11月 ………… 199
　4月 …………… 65　　8月 …………… 141　　12月 ………… 217
メートル法、尺貫法換算早見表 ………………………… 237
主要農産物の容量と重さの換算表 ……………………… 237
郵便料金一覧表 …………………………………………… 238
出産・長寿の祝い、時候 ………………………………… 240
お国じまん（カラー写真） ……………………………… 241
路傍の草花（カラー写真） ……………………………… 265
付録　暮らしの記録簿 …………………………………… 273

「日誌のしおり」部門別表題

お国自慢　地方色豊かな料理と特産品

東京都八丈島の新たな特産品
「八丈フルーツレモン」 …………………… 10

日本一の激戦区で頑張る久留米の焼き鳥 ……… 12

京のブランド産品（きょうのぶらんどさんぴん）… 16

がじゃ豆・味噌がじゃ豆　食べる手が止まらない
黒糖自然食品 ………………………………… 20

たっちょほねく丼 ……………………………… 30

島で受け継がれる郷土の味「茶がゆ」………… 34

クリマサリ　〜幻の芋が地域おこしの特産品〜… 38

有明海の恵みを詰め込んだ『佐賀海苔』……… 42

伊勢崎絣 [群馬県の伝統工芸品] ……………… 50

1200年もの歴史をもつ「大和茶」
〜長い伝統を紡いできた奈良のお茶〜……… 54

いつの時代も訪れる人を温かく
小浜温泉名物「小浜ちゃんぽん」………… 62

肉質日本一！鳥取和牛
〜受け継がれる血統と品質〜 ……………… 68

大阪みつば
〜野菜界が誇る名役者「大阪みつば」〜……… 72

海の妖精　〜ホタルイカ〜
新鮮な春の味をお召し上がりください ……… 76

佐賀関くろめ藻なか味噌汁
おんせん県大分味力おもてなし商品 ……… 80

「近江牛」〜日本最古のブランド牛〜 ………… 88

阿蘇のソウルフード‼「たかな漬け」………… 92

雑穀で作る「へっちょこだんご」
雑穀文化の香り高い郷土食 ……………… 100

檀一雄も愛した、熱々揚げたての『飫肥天』… 106

だんご汁　〜米に代わる主食最高料理〜……… 110

男鹿しょっつる焼きそば ……………………… 114

飛騨高山の「ごっつお」
山国で育まれたふるさとの味 …………… 118

居酒屋メニューの定番が進化
道民が愛する「ラーメンサラダ」 ……… 124

狭山茶コーラ ………………………………… 128

富士の国やまなしの逸品農産物
「うんといい山梨さん」の御紹介 ……… 132

大海 …………………………………………… 136

タラの山菜漬け　〜山の幸と海の幸がマッチ〜… 146

糖質制限で脚光を浴びるアンダーカシ ……… 150

高級かんきつ3兄弟
〜飲むゼリーで通年あなたの側に〜 …… 154

どじょう汁　〜夏バテ防止のスタミナ食〜…… 158

そうじゃ特産商品シリーズ第4弾
「そうじゃ小学校カレーシリーズ」……… 164

チャーテ（ハヤトウリ）…………………… 168

【のへじ丼】青森県上北郡 野辺地町 ………… 172

大粒の「祖父江ぎんなん」はいかが？
〜日本有数のイチョウの町からの贈り物〜… 176

「阿波十割」水のええとこ、銘酒あり「阿波十割」… 184

レンコンとチーズの重ね焼き ………………… 188

「能登なまこ」の最高級珍味"干くちこ"
〜七尾湾が育む「能登の宝石」〜 ………… 192

奥越さといも ………………………………… 196

三重県のなれずし …………………………… 202

郷土の料理「いも串」………………………… 206

静岡の水わさび
〜世界に認められた伝統栽培〜 …………… 210

アナゴのなべ　〜身は脂肪分少なくヘルシー〜… 214

大崎市岩出山地域の特産品「岩出山凍り豆腐」… 222

雪国山形から春を届ける啓翁桜 ……………… 226

美しい紡錘形のいちご「いばらキッス」……… 230

鮮やかなあめ色の果肉で上品な甘さ「市田柿」… 234

川柳にみる日本の風物詩

七 草 粥 ……………………………………… 18

ス キ ー ……………………………………… 32

啓 蟄 ………………………………………… 60

たんぽぽ ……………………………………… 70

かつお ………………………………………… 96

冷 や 奴 ……………………………………… 108

海 の 日 ……………………………………… 138

夏 祭 り ……………………………………… 144

じゃがいも …………………………………… 174

赤とんぼ ……………………………………… 186

小春日和 ……………………………………… 212

足 　 袋 ……………………………………… 220

年中行事

お正月 ………………………………………… 14

バレンタインデー …………………………… 40

ひな祭り ……………………………………… 52

花見 …………………………………………… 74

端午の節句 …………………………………… 86

衣更え ………………………………………… 116

七夕 …………………………………………… 126

お盆 …………………………………………… 152

十五夜（お月見）…………………………… 170

ハロウィン …………………………………… 194

酉の市 ………………………………………… 208

大晦日 ………………………………………… 232

役立つ農業・林業情報

柿の新しい加工品 …………………………… 22

雪の重みによる倒木被害……………………36
奈良県の5〜6月出荷小ギクの品種開発……48
除草・下刈り・地域資源…………………56
お茶の期待の新人「香り緑茶」
　〜花のような甘い香りが楽しめる緑茶〜………58
消費者の「赤身牛肉嗜好」について…………78
粗飼料多給下において長期哺乳は
　子牛の発育を向上させる………………90
農作物の花粉媒介からみた畑周辺の林野環境……94
指宿市ではオクラのアブラムシを
　テントウムシたちが退治…………………98
モモ、ブドウにおける無化学肥料栽培に向けた
　有機物資材の施肥方法……………………112
シカが森の下草を減らして窒素を減らす………130
農地環境推定システムの開発………………134
粘質ほ場に1／500傾斜を付けて排水性を高める…148
温州ミカンと健康について
　〜β-クリプトキサンチンの効果〜　………156
ブドウの枝幹害虫　クビアカスカシバの防除…166
農業法人における人材育成のポイント　〜作業の
　進捗管理を担う現場リーダーの育成〜………182
暖かい地方のヤマネはほとんど冬眠しない
　〜四季の変化と冬眠〜……………………190
農地の積雪深を1kmメッシュで推定する………204
野菜に付くアブラムシはどこにいるのか………224
雌雄で異なるカイガラムシの一生……………228

雑学スクール

★降水確率はどうやってだしているの？…………25
★ホームページとウェブサイトの違い…………63
★卵の規格はいくつあるのか？…………………82
★ウイスキーはどれぐらい持つか？……………101
★覚えているけど思い出せない………………139
★画像は右脳、言葉は左脳で記憶される………159

★ペットに遺産相続はできるか？………………178
★アイスクリームに賞味期限はあるの？………197
★自己破産とは……………………………216
★酒に強い人、弱い人……………………235

欧米、アジアと比べてみると

★諸外国の農業就業人口……………………24
★都市の緑地率………………………………64
★国立公園や自然保護地区について……………64
★家族構成………………………………160
★持ち家率の比較……………………………160
★アルコール消費量………………………236
★読書時間………………………………236

間違いないネ！ 定番即席ラーメン

★ペヤングソースやきそば…………………26
★チャルメラ……………………………26
★サッポロ一番 塩らーめん………………102
★中華三昧………………………………102
★出前一丁………………………………198
★うまかっちゃん………………………198

いぶし銀の車メーカー

★三菱自動車……………………………44
★ダイハツ………………………………44
★いすゞ自動車……………………………140
★スバル（富士重工業）……………………140

野菜づくり・オリンピックこぼれ話

1月　野菜づくりの計画／
　　母娘がオリンピックで同じ競技に出場？… 9
2月　品種選びのポイント／
　　メダルに一番手が届きやすい競技？…29
3月　タネの発芽条件／
　　満点連発の白い妖精が歩んだ波乱の人生…47
4月　肥料の選び方／
　　ルール不在の第1回アテネ大会は大混乱…67
5月　果菜類の整枝／
　　意外にも評価の高いベルリン大会……85
6月　病害虫の防除／
　　遅刻でメダルを逃した優勝候補……105

7月　気象災害への備え／
　　日本初のメダルを手にした銀行マン…123
8月　じかまきと移植栽培／
　　全種目にエントリーした女子選手…143
9月　ポリマルチとべたがけ／
　　世界最速の記録を作った日本人……163
10月　鳥獣害から菜園を守る／
　　黒人初の金メダルを獲得した裸足の鉄人…181
11月　落ち葉堆肥を作る／
　　メダルに最も愛されたカール・ルイス…201
12月　野菜の冬越しと貯蔵／
　　五輪出場が危ぶまれていた高橋尚子…219

◈年齢早見表◈

生年	年齢	西暦	干支	生年	年齢	西暦	干支	生年	年齢	西暦	干支
明33	119	1900	庚子	昭15	79	1940	庚辰	昭55	39	1980	庚申
34	118	1901	辛丑	16	78	1941	辛巳	56	38	1981	辛酉
35	117	1902	壬寅	17	77	1942	壬午	57	37	1982	壬戌
36	116	1903	癸卯	18	76	1943	癸未	58	36	1983	癸亥
37	115	1904	甲辰	19	75	1944	甲申	59	35	1984	甲子
38	114	1905	乙巳	20	74	1945	乙酉	60	34	1985	乙丑
39	113	1906	丙午	21	73	1946	丙戌	61	33	1986	丙寅
40	112	1907	丁未	22	72	1947	丁亥	62	32	1987	丁卯
41	111	1908	戊申	23	71	1948	戊子	63	31	1988	戊辰
42	110	1909	己酉	24	70	1949	己丑	平1	30	1989	己巳
43	109	1910	庚戌	25	69	1950	庚寅	2	29	1990	庚午
44	108	1911	辛亥	26	68	1951	辛卯	3	28	1991	辛未
大1	107	1912	壬子	27	67	1952	壬辰	4	27	1992	壬申
2	106	1913	癸丑	28	66	1953	癸巳	5	26	1993	癸酉
3	105	1914	甲寅	29	65	1954	甲午	6	25	1994	甲戌
4	104	1915	乙卯	30	64	1955	乙未	7	24	1995	乙亥
5	103	1916	丙辰	31	63	1956	丙申	8	23	1996	丙子
6	102	1917	丁巳	32	62	1957	丁酉	9	22	1997	丁丑
7	101	1918	戊午	33	61	1958	戊戌	10	21	1998	戊寅
8	100	1919	己未	34	60	1959	己亥	11	20	1999	己卯
9	99	1920	庚申	35	59	1960	庚子	12	19	2000	庚辰
10	98	1921	辛酉	36	58	1961	辛丑	13	18	2001	辛巳
11	97	1922	壬戌	37	57	1962	壬寅	14	17	2002	壬午
12	96	1923	癸亥	38	56	1963	癸卯	15	16	2003	癸未
13	95	1924	甲子	39	55	1964	甲辰	16	15	2004	甲申
14	94	1925	乙丑	40	54	1965	乙巳	17	14	2005	乙酉
昭1	93	1926	丙寅	41	53	1966	丙午	18	13	2006	丙戌
2	92	1927	丁卯	42	52	1967	丁未	19	12	2007	丁亥
3	91	1928	戊辰	43	51	1968	戊申	20	11	2008	戊子
4	90	1929	己巳	44	50	1969	己酉	21	10	2009	己丑
5	89	1930	庚午	45	49	1970	庚戌	22	9	2010	庚寅
6	88	1931	辛未	46	48	1971	辛亥	23	8	2011	辛卯
7	87	1932	壬申	47	47	1972	壬子	24	7	2012	壬辰
8	86	1933	癸酉	48	46	1973	癸丑	25	6	2013	癸巳
9	85	1934	甲戌	49	45	1974	甲寅	26	5	2014	甲午
10	84	1935	乙亥	50	44	1975	乙卯	27	4	2015	乙未
11	83	1936	丙子	51	43	1976	丙辰	28	3	2016	丙申
12	82	1937	丁丑	52	42	1977	丁巳	29	2	2017	丁酉
13	81	1938	戊寅	53	41	1978	戊午	30	1	2018	戊戌
14	80	1939	己卯	54	40	1979	己未	31	0	2019	己亥

◈平成31年年回表◈

1周忌	平成30年	23回忌	平成9年
3回忌	29	27〃	5
7〃	25	30〃	2
13〃	19	33〃	昭和62年
17〃	15	37〃	58
21〃	11	50〃	45

◈結婚記念日◈

1年	紙婚式	20年	陶器婚式
2年	藁婚式	25年	銀婚式
3年	菓子婚式	30年	真珠婚式
4年	革婚式	35年	珊瑚婚式
5年	木婚式	40年	ルビー婚式
7年	銅婚式	45年	サファイア婚式
10年	錫婚式	50年	金婚式
15年	水晶婚式	70年	プラチナ婚式

●年間予定表

	1月	2月	3月	4月	5月	6月
1						
2						
3						
4						
5						
6						
7						
8						
9						
10						
11						
12						
13						
14						
15						
16						
17						
18						
19						
20						
21						
22						
23						
24						
25						
26						
27						
28						
29						
30						
31						

7月	8月	9月	10月	11月	12月	
						1
						2
						3
						4
						5
						6
						7
						8
						9
						10
						11
						12
						13
						14
						15
						16
						17
						18
						19
						20
						21
						22
						23
						24
						25
						26
						27
						28
						29
						30
						31

平成 31年 略歴

2019

国民の祝日		行　事		民俗行事		その他	
元　　　日	1月1日	メーデー	5月1日	七　　草	1月7日	土　用(冬)	1月17日
成 人 の 日	1月14日			小　正　月	1月15日	彼岸入り(春)	3月18日
建国記念の日	2月11日	母 の 日	5月12日	二 十 日 正 月	1月20日	社　日(春)	3月22日
春 分 の 日	3月21日	気象記念日	6月1日	初　　午	2月2日	彼岸明け(春)	3月24日
昭 和 の 日	4月29日			旧　正　月	2月5日		
憲法記念日	5月3日	世界環境デー	6月5日	ひ な 祭 り	3月3日	土　用(春)	4月17日
みどりの日	5月4日			は な 祭 り	4月8日		
こどもの日	5月5日	時 の 記 念 日	6月10日	端　　午	5月5日	土　用(夏)	7月20日
海 の 日	7月15日			七　　夕	7月7日		
山 の 日	8月11日	父 の 日	6月16日	ぼ　　ん	7月15日	彼岸入り(秋)	9月20日
敬 老 の 日	9月16日			月 遅 れ ぼ ん	8月15日		
秋 分 の 日	9月23日	終戦記念日	8月15日	旧　ぼ　ん	8月15日	彼岸明け(秋)	9月26日
体 育 の 日	10月14日	統 計 の 日	10月18日	十 五 夜	9月13日	社　日(秋)	9月28日
文 化 の 日	11月3日			十 三 夜	10月11日		
勤労感謝の日	11月23日	クリスマス	12月25日	七 五 三	11月15日	土　用(秋)	10月21日

節　気・雑　節

小　寒	1月6日	立　夏	5月6日	二 百 十 日	9月1日
大　寒	1月20日	小　満	5月21日	白　露	9月8日
節　分	2月3日	芒　種	6月6日	二 百 二 十 日	9月11日
立　春	2月4日	入　梅	6月11日	秋　分	9月23日
雨　水	2月19日	夏　至	6月22日	寒　露	10月8日
啓　蟄	3月6日	半 夏 生	7月2日	霜　降	10月24日
春　分	3月21日	小　暑	7月7日	立　冬	11月8日
清　明	4月5日	大　暑	7月23日	小　雪	11月22日
穀　雨	4月20日	立　秋	8月8日	大　雪	12月7日
八 十 八 夜	5月2日	処　暑	8月23日	冬　至	12月22日

1月 January

ホーランエンヤ
(大分県豊後高田市)

● 節気・行事 ●

元	日	1日
小	寒	6日
七	草	7日
成 人 の 日		14日
小	正 月	15日
や ぶ 入 り		16日
土	用	17日
二 十 日 正 月		20日
大	寒	20日

● 月 相 ●

○満　月　21日
●新　月　6日

1月の花き・園芸作業等

花　き

花壇予定地の堀り返しと肥料、石灰の施用。パンジー、アイスランドポピー、アリッサム、ユリオプスデージー、ロベリアなど市販草花苗の植付け。株立ちバラの剪定。庭木・花木への寒肥施用と石灰硫黄合剤、マシン油乳剤の散布。クリスマス・ホーリー、アオキなどの種子採り。

野　菜

ほ場利用計画。資材整備。育苗材料・支柱の水洗消毒。ミツバ、フキ、チシャ、シュンギク、エンドウの防寒。キャベツ、タマネギ、ホウレンソウの中耕、追肥。ニラ、フキ、ミョウガ、ウド、ショウガ、ネギ、ホウレンソウ、ハクサイ、セルリの収穫。

果　樹

果樹園利用計画。諸資材準備。ナシ、リンゴ、モモ、ブドウ、イチジク、カキ、クリの剪定。ミカン園の深耕、台木の準備と接ぎ穂の採取。カイガラ虫駆除のための機械油乳剤の散布。ブドウ棚、ナシ棚の修理。密植果樹園の間伐。

1月 暦と行事予定表

日	曜	節 気 ・ 行 事	予 定
1	火	●元日、年賀、歳旦祭、初詣、修正会	
2	水	初荷、初夢、書初め、天皇一般参賀	
3	木		
4	金	官庁御用始め	
5	土	イチゴの日	
6	日	小寒、六日年越し、公現祭、新月	
7	月	七草、七草がゆ、人日	
8	火	初薬師	
9	水	宵えびす	
10	木	十日えびす、初金比羅、110番の日	
11	金	鏡開き、蔵開き、塩の日	
12	土	スキー記念日	
13	日		
14	月	●成人の日、十四日年越し、上弦の月	
15	火	小正月、小豆がゆ	
16	水	やぶ入り、賽日、えんま詣り	
17	木	土用、臘日、防火とボランティアの日	
18	金	初観音	
19	土		
20	日	二十日正月、大寒	
21	月	初大師、満月	
22	火		
23	水	アーモンドの日、乳酸菌の日、庚申	
24	木	初地蔵、法律扶助の日	
25	金	初天神	
26	土	文化財防火デー	
27	日	国旗制定記念日、甲子	
28	月	初不動、下弦の月	
29	火	南極昭和基地開設	
30	水		
31	木	生命保険の日、防災農地の日	

野菜づくりの計画

1月の野菜づくり

　野菜の種類選びでは、菜園やコンテナの大きさ、栽培期間の長短、病害虫がでやすいかどうか、などを考えることが大切です。

【畑の大きさ】
　広い畑では、多く消費する種類のダイコン、キャベツ、ジャガイモ、ネギなどを4区画ぐらいに分けて、年間の作付け計画を立てましょう。小さい畑やベランダでは、少しあれば間に合うパセリ、シソ、ミツバ、ハーブ類がおすすめです。また、ラディシュ、コマツナなど短期間で育つ種類を次々に蒔くのもよいでしょう。

【育て方の難易】
　メロンやトマトは花を咲かせ、実を太らせて果実が熟すまで手入れを怠ることができません。一方、サツマイモやジャガイモ、コマツナはあまり手がかかりません。畑の陽当たりは、トマト、ナスなどは十分な日照が必要ですが、ミツバ、セリは半日陰が適します。

【連作と輪作】
　連作すると成長に障害が出る野菜があります。エンドウは1度作ると、4～5年は作れません。ナス、トマト、ソラマメなどは3～4年、レタス、ハクサイ、イチゴなどは2年、ホウレンソウ、コカブ、インゲンなどは1年です。サツマイモ、カボチャのように連作しても成長に障害がみられない野菜もあります。また、同じ科に属する近縁な野菜は似た性質を持っているため、病害虫の被害と肥料の吸収に多くの共通点があります。そのため、連作すると土に生息する病害虫が増え、微量でも必要な肥料成分が不足して成長を妨げることがあります。このような連作障害を防ぎ、地力が衰えないようにするためには、性質の異なる野菜を計画的に順次作付ける輪作をします。

（神奈川県種苗協同組合　成松　次郎）

母娘がオリンピックで同じ競技に出場？

オリンピックこぼれ話

　1900年、パリで開かれた第2回オリンピック大会では、ゴルフ競技でアメリカ人女性が初の金メダルを獲得しています。

　シカゴからパリに渡り、絵の勉強をしていたマーガレット・アボットがその人で、なんと飛び込みで参加したオリンピック競技で金メダリストになったというのですから、驚きです。ただ、当時のオリンピックは今と違って万事がいいかげん。

　パリ大会は運営がずさんで、一般人の飛び入り参加を認めたり、記録が正確でなかったり、メダルがきちんと授与されなかったりと、最後まで混乱続きだったようです。

　飛び入りが許されたせいか、アボットさんはなんと母親と一緒にゴルフ競技に出場。

　地元のシカゴGCで鍛えた腕を発揮して、9ホールで「47」をマークし、見事優勝を飾ったということです。

　確かにハーフラウンドを「47」で回るとは、なかなかの実力ですが、母親の記録は見つかっていないそうです。

　しかし、特筆すべきは母と娘がオリンピックで同じ競技に一緒に出場したという点です。

　なにしろ親子が同じ大会の同じ競技に参加したのは、長いオリンピックの歴史の中でもこの1回だけ。

　当時アボットさんは22歳だったといいますから、お母さんの年齢は40歳前後でしょうか。女性アスリートはまだ珍しい時代に母娘で世界的スポーツ大会に出ただけでも、すごい記録といえるでしょう。

　さらに、アボットさんは自分が五輪大会で優勝したという認識のないまま、1955年に72歳で永眠。大会資料の調査が進んで、アボットさんが「米国女性初の金メダリスト」と認められるようになったのは、ごく最近のことだそうです。

1 月 1 日㊋	天気		行事
	気温	℃	

🎌元日　　　　　　　　　　　　　　　　　　　　　年賀、歳旦祭、初詣、修正会

1 月 2 日㊌	天気		行事
	気温	℃	

初荷、初夢、書初め、天皇一般参賀

東京都八丈島の新たな特産品　「八丈フルーツレモン」

　東京都心の南方300kmに浮かぶ東京都八丈島。この島で作られている「八丈フルーツレモン」は、全国でも珍しい樹上完熟レモンであり、皮ごと食べて美味しい特別なレモンとして、島内外から注目を集めています。八丈島へのレモンの導入は、1940年。南洋のテニアン島から苗が持ち込まれました。樹勢が強く豊産なこのレモンは、導入者にちなんで菊池レモンと命名され、その後八丈島と小笠原諸島に広まりました。先に生産が始まった小笠原では、主に露地栽培

で、緑色の果実を販売しており、「島レモン」の愛称で親しまれています。一方、八丈島では、施設栽培を中心として、樹上で完熟させた橙黄色の果実を「八丈フルーツレモン」という商品名で販売しています。樹上完熟させたレモンは一般のレモンより大型で、果皮が橙色を帯びています。完熟することで酸味が穏やかになり、果皮の苦みがなくなることから、生の果実を皮ごと食べてもおいしいレモンとして人気を集めています。また、ジャムやマーマレード等の加

1 月 3 日㊍	天気	行事
	気温　　　℃	

1 月 4 日㊎	天気	行事
	気温　　　℃	

官庁御用始め

工品も、お土産として好評です。
　栽培について、菊池レモンの定植は3〜5月、収穫は定植後3年目から可能です。開花は3〜5月、着果から11月頃までにかけて果実が肥大し、気温低下とともに緑から橙黄色へ果皮の着色が進みます。12月下旬〜翌2月が収穫期で、収穫後の3月に剪定を行い、次の開花を迎えます。「八丈フルーツレモン」は、これまで切り葉栽培が中心だった八丈島の新しい特産品として、島の人々にも広く親しまれています。

購入は、JA東京島しょ大賀郷店で。全国発送も受け付けています。
　℡04996-2-1225

（東京都 島しょ農林水産総合センター
　　　　　　八丈事業所　小糸　優華）

1 月 5 日㊏	天気	行事
	気温　　　　℃	

イチゴの日

1 月 6 日㊐	天気	行事
	気温　　　　℃	

小寒、六日年越し、公現祭、新月

日本一の激戦区で頑張る久留米の焼き鳥

　現在、久留米市には焼きとりの店が200軒近くあるといわれていますが、これは人口30万の都市にしては、かなり多い数字です。ところがそれもそのはず、なんと久留米は日本一焼き鳥屋の出店密度が高い街として認められ、平成15年には「焼きとり日本一」の街を宣言しているのです。

　それ以来、焼きとり日本一を宣言した街として、「久留米の焼きとり文化を全国に発信していきたい」と毎年「久留米焼きとり日本一フェ

スタ」が実施され、今ではすっかり街の名物イベントになっています。

　もともと久留米のご当地グルメ「久留米焼きとり」は、屋台で出されたのが始まり。

　そのルーツは戦後間もなく開かれた青空市場で、昭和30年代の屋台ではすでに豚バラや鶏の砂ずりなどの焼き鳥が提供されていたそうです。やがて高度成長期に入ると、久留米には製ゴム工場が次々と開設。安くておいしい焼き鳥は、工場で働く人たちのお腹を満たす、絶好の

1 月 7 日㈪	天気		行事
	気温	℃	

七草、七草がゆ、人日

1 月 8 日㈫	天気		行事
	気温	℃	

初薬師

栄養源になっていったのです。

　久留米には昔から肉屋や内臓屋などの専門業者が多くいて、豚や牛、馬や鶏などの材料が充分供給されたのも追い風になりました。もう一つ、独特の焼き鳥文化を支えたのが、昭和初期に創立された九州医学専門学校（現・久留米大学）の存在です。

　医学生や医者の多い久留米では肉の部位を「ダルム（腸）」「ヘルツ（心臓）」「センポコ（牛の大動脈）」などと医療用のドイツ語で言い表す習慣があり、それが今も受け継がれて、ひと味違う焼き鳥文化を形成しています。また、焼き鳥を頼むと大量に付いてくるキャベツはお代わり自由。ザクザクキャベツを目当てに通う女子も年々増えているといいます。

　久留米の焼き鳥ファンの裾野は、これからもまだまだ広がりそうです。

（福岡県うまいもの同好会）

| 1 月 9 日㊌ | 天気 | 行事 |
| | 気温　　　℃ | |

宵えびす

| 1 月 10 日㊍ | 天気 | 行事 |
| | 気温　　　℃ | |

十日えびす、初金比羅、110 番の日

お正月　今なお続くもっとも盛大な年中行事

　日本に数ある四季折々の年中行事の中でも、もっとも大切にされ、特別なものとされているのがお正月と、正月に行われる諸行事ではないでしょうか。

　わが国において正月は、豊作をもたらしてくれる歳神さまが訪れる大切な日とされ、同時に祖先の霊が訪れる日とされています。その年初めて汲んだ水である『若水』も、あるいはご神体とされる円形の鏡（銅鏡）を象った『鏡餅』も、この歳神さまや先祖の霊へのお供えとされ

ています。玄関や門の外に置く『門松』も、天から歳神さまが下りていらっしゃる際の目印となるものです。

　このように、年の始まりをもっとも神聖かつ特別な日と考えるようになったのかに関しては諸説ありますが、古代の農業のありかたが影響していると言われています。

　飛鳥時代（6 世紀後半から 8 世紀初頭）以前の日本人には、季節は穀物の種をまく春と、それを収穫する秋の二つでした。

－ 14 －

1 月 11 日㊎	天気		行事	
	気温	℃		

鏡開き、蔵開き、塩の日

1 月 12 日㊏	天気		行事	
	気温	℃		

スキー記念日

　春は作物が芽生え、新しい生命が誕生する季節。それを喜び、祝したのが正月の始まりだったのです。この期間、日本中で聞かれる「おめでとう」という言葉も、一説には「芽が出よう」が転じて生まれたと言われています。

　昨今、お正月から非日常感が薄れているように感じます。デパートもレストランも、当然のように正月から営業、晴れ着姿もめっきり見かけなくなりました。時代のすう勢とは言え、日本人が古来よりもっとも大切にしてきたこの行事を、私たちも守り続けていきたいものです。

（千羽 ひとみ）

| 1 月13日 ㊐ | 天気 | 行事 |
| | 気温　　　　℃ | |

| 1 月14日 ㊊ | 天気 | 行事 |
| | 気温　　　　℃ | |

㊗成人の日　　　　　　　　　　　　　　　　　　　　　　十四日年越し、上弦の月

京のブランド産品（きょうのぶらんどさんぴん）

　京のブランド産品、いわゆるブランド京野菜の認証制度は平成元年度より始まり、今年で30周年を迎えます。当初は7品目（京みず菜、賀茂なす、万願寺とうがらし、伏見とうがらし、えびいも、京都府産黒大豆新丹波黒、京都府産丹波大納言小豆）で始まりましたが、現在は果実、水産物及び加工品も加え、31品目が認定されています。

　中でも京みず菜は、これまでハリハリ鍋（クジラとみず菜の鍋）など鍋として利用されていた大株を小束化し、サラダなど生でも食べることができるよう改良したところ、全国的に広まりました。今ではサラダにみず菜が入っていることは当たり前となっており、京野菜のブランド化は日本の食文化に影響を与えました。京のブランド産品は、京都産であればすべて認定されているわけではなく、安心・安全と環境に配慮した「京都こだわり生産認証システム」により生産された京都府内産農林水産物の中から品質・規格・生産地を厳選したものです。

1 月15日㊋	天気		行事	
	気温	℃		

小正月、小豆がゆ

1 月16日㊌	天気		行事	
	気温	℃		

やぶ入り、賽日、えんま詣り

　認証された京のブランド産品は、「京マーク」と呼ばれるマークが貼られて流通しています。「京マーク」は、京都（KYOTO）の頭文字のKをシンボル化し、京都の「農」「林」「水産」の豊かな実りを三つの丸に、その源である「大地」「水」「太陽」を3本のラインで表現しており、生産者にとっては「ものづくりの指標」として、流通関係者には「商品力のある京都産品の目印」として、消費者には「おいしさと信頼の目印」として認識されています。今では国内のみならず、香港など海外でも京のブランド産品は流通しておりますので、お近くのスーパーなどで見かけられたときは、是非お買い求め頂き、味わってください。

（京都府 農林水産部流通・ブランド戦略課
副課長　山川　彰宏）

1 月17日㊍	天気		行事	
	気温	℃		

土用、臘日、防火とボランティアの日

1 月18日㊎	天気		行事	
	気温	℃		

初観音

七草粥

草に命寿ぐ春の抄　　　　　　山本　希久子

　1月7日の朝に七草粥を食べて祝う行事は、江戸時代になって広く行われるようになった。平安時代には宮中で行われていたようだが、七草粥は奈良時代には中国から入ってきていたとされる。

セリナズナあとはウフフの粥すする　斎藤弘美
芹なずな胃の腑に落とす思いやり　原田すみ子

　七草とは、セリ、ナズナ、ゴギョウ、ハコベラ、ホトケノザ、スズナ、スズシロである。

　七草が用意できず、五草か六草の粥になったのもほほえましい。現在の七草は鎌倉時代からかわりがないとされている。

　6日にナズナを用意すると、同夜と7日朝に、俎にナズナを置き、かたわらに薪、包丁、火箸、すりこ木、杓子、銅杓子、菜箸の七具を置き、歳神の方に向かって、まず俎に包丁で拍子をとりながら『唐土の鳥が日本の土地に渡らぬ先にナズナ七草』と唱える。これを七具を取り替えながら唱えると江戸時代の書にある。七草粥に

1 月19日⊕	天気	行事
	気温　　　　℃	

1 月20日㊐	天気	行事
	気温　　　　℃	

二十日正月、大寒

は、正月のご馳走を食べ過ぎた胃袋を調節する作用もあるとされている。

めでたさも七草粥にひと区切り　　　田中　久

　もっとも、七草粥の茶碗を手にすれば、食糧難にあえいだ戦中、戦後の雑炊を思い出す世代も多い。

七草粥毎日食べていた戦後　　　　渡辺　昭

　中国の古い年中行事を記した書に『正月7日、7種類の菜であつものを作り、これを食べると万病にかからない』との俗言があり、これが、

奈良時代に伝えられた七草粥の源流になったのではないかとされている。

賀状ぽつんと切れて七草粥の音　　　山崎　鮮紅

　6日になっても来ない賀状がある。賀状だけの交信になっていたが、添え書きに暮らし振りをたのしく感じさせてくれていた。亡くなったのだろうか。重たい気持ちになっている。

七草を刻む音から春になる　　　　中村　孤舟

（NHK学園川柳講師　橋爪まさのり）

1 月21日㊊	天気	行事
	気温　　　　℃	

初大師、満月

1 月22日㊋	天気	行事
	気温　　　　℃	

がじゃ豆・味噌がじゃ豆　食べる手が止まらない黒糖自然食品

　「落花生」の発祥の地は、鹿児島だといえるくらい、昔は盛んに作られていました。

　主な産地は鹿屋、串良、種子島、奄美大島でした。「がじゃ豆、味噌がじゃ豆」は、種子島、奄美大島で作られ、鹿屋、串良で作られているのは、落花生のりんかけです。

【がじゃ豆の材料】
　落花生：250g、黒砂糖：150g、
　酢：大さじ2

【作り方】
①落花生は弱火で焦がさないように炒り、渋皮をむく。
②鍋に黒砂糖と酢を入れ、中火で煮つめて、泡がだんだん小さくなるまで煮つめる。
③コップの水に②を一滴落としてみて、丸くなるようであれば、②の鍋に炒った豆を入れ、火を止める。
④手早くかき混ぜて、砂糖をからませる。

1 月23日㊌	天気		行事	
	気温	℃		

アーモンドの日、乳酸菌の日、庚申

1 月24日㊍	天気		行事	
	気温	℃		

初地蔵、法律扶助の日

【味噌がじゃ豆の材料】
　落花生：250g、味噌：30g、
　砂糖：30g、揚げ油：適宜
【作り方】
①鍋に油をたっぷりと入れ、１６０℃位の温度にして落花生を入れ、７～８分位揚げて、おおかた煮えたところで、暖めておいた別の鍋にすぐ入れる。
②豆が熱いうちに、味噌全部と砂糖半量位を入れて、まんべんなく混ぜる。

③人肌位に冷めたところで、残りの砂糖を入れて混ぜる。
④吸油性のあるシートの上にあげて、油をきる。

　一口メモ：油で揚げる際、中が茶色に焦げている場合があるので気をつけること。

（鹿児島県食生活改善推進員連絡協議会）

1 月25日㈮	天気		行事
	気温	℃	

初天神

1 月26日㈯	天気		行事
	気温	℃	

文化財防火デー

柿の新しい加工品

　柿は、奈良県の主要農産物で全国2位の生産量があります。加工品として、干し柿や柿酢、柿ジャム等が製造販売されていますが、香りが少なく、加熱すると渋くなることがあるため、加工が難しく種類が限られています。そこで、当センターでは、新しい柿加工品として糖蜜漬けを開発しました。

　製造工程は、皮をむき種を取り、糖度40度のショ糖液とともにナイロン袋に入れ、中心温度80℃で40分加熱殺菌した後、5℃で約1ヶ月保存して糖を浸透させます。渋みは多くの人が感じず、感じても気にならない程度です。

　柿糖蜜漬けの利用法を検討するため、県内外の実需者にアンケート調査を行いました。結果、洋菓子ではクリームやバターと一緒に使うと味や香りが負けてしまう、和菓子では通常の製造方法では固すぎて使いづらいとの意見がありました。しかし、鮮やかな柿の色は好評で、サラダのトッピング、肉料理の添え物等として利用できる可能性が見えてきました。さらに、柿ら

1月27日 ㊐	天気	行事
	気温　　　℃	

国旗制定記念日、甲子

1月28日 ㊊	天気	行事
	気温　　　℃	

初不動、下弦の月

しい食味は少ないものの、食感が良くておいしいという意見が多く、カットしてそのまま食べたいという声も多くありました。
　近年、果物を手軽に食べたいという人が増えています。柿糖蜜漬けでも、フォークをつけるなど食べやすく工夫することで、販路の拡大が期待できます。県内の柿農家や食品加工業の方と協力し、「奈良のおいしいもの」の新しい食べ方を提案し、全国に発信していきたいと思います。

写真：柿の糖蜜漬け

（奈良県農業研究開発センター

岡山　彩子）

1 月29日㊋	天気	行事
	気温　　　　℃	

南極昭和基地開設

1 月30日㊌	天気	行事
	気温　　　　℃	

欧米と比べてみると　★諸外国の農業就業人口

　17世紀のむかし、英国の経済学者ペティは、一国の産業が農業から製造業、商業へと発展するにつれて豊かになることを指摘しました。

　クラークはこれにヒントを得て、一国の産業構造を、農業などの第１次産業、製造業などの第２次産業、商業・運輸などの第３次産業に大別し、経済の発展が第１次産業の縮小、それに伴って第２次・第３次産業が段階的に拡大することを実証しました。この傾向をペティ＝クラークの法則といいます。

　日本の農林漁業就業人口の割合は、2015年の統計数値をみると3.6％となっています。戦前・戦後の農業全盛期の時代から考えると、これは驚くべき縮小化です。ちなみに製造業は約17％、サービス業を中心とした第３次産業が８割弱を占めています。

　この農林漁業就業人口の割合（3.6％）は大変低いですが、それでも西ヨーロッパ諸国と比較すると、相対的に高い数値を堅持しています。

　驚くことにアメリカ、カナダ、オーストラリ

1 月31日㊍	天気		行事	
	気温	℃		

生命保険の日、防災農地の日

雑学スクール

★降水確率はどうやってだしているの？

気象庁によると、各観測点について
コンピュータで向こう24時間（6時間
ごと）と1週間（1日ごと）の大気の
状態を予測します。これに過去の気
象・降水データをあてはめて、雨や雪
が降る確率をはじき出します。各地域
の確率は、観測点の平均値です。

この確率は1mm以上の雨が100回の
うち何回降るかを示すもの。1mmの雨
とは「乾いていたアスファルト道路が
濡れて、くぼみに水がたまり、傘をさ
さないで歩くと濡れてしまう」量です。

降水確率は雨の強さや量を表すもの
ではなく、降る時間の長さとも関係あ
りません。6時間降り続けて1mmにな
る場合と、初めの1時間で1mmの雨が
降り、あとの5時間は晴れる場合が、
同じに見なされます。

参考資料：「雑学新聞」読売新聞大阪
編集局、PHP文庫

アといった大農業国、農産物輸出国の農林漁業
就業人口の割合は、おおよそ2〜3％くらいで、
要は全体からみると大変少ない人数の農業者
が、大面積の画一的大規模農業生産を行ってい
るといえます。これら農業大国の産業別労働人
口をみてみると、全体の約85％前後が農林漁業
や製造業以外の分野に就労していることがわか
ります。

西ヨーロッパの国をみてみると、欧州の農業
国の象徴ともいえるフランスでさえ、農林漁業
就業人口の割合は日本より低く3％超くらい、
イタリアの約3.8％を下回っています。園芸大
国のオランダは約3％、英国は2％を割ってい
ます。

間違いないネ！ 定番即席ラーメン　★ペヤングソースやきそば

　袋麺ではなくカップ麺なのがルール違反ですが、1975年の発売以来、40年以上売れに売れ続けている超ロングセラー商品です。

　販売元は群馬県伊勢崎市に本拠をかまえる「まるか食品」。この会社の名前は知らなくとも「ペヤングソースやきそば」を知らない人は、まずいないでは…

　とくに「ペヤングソースやきそば」は他社の「カップやきそば」とはまったく別物、これしか食べない、買わないペヤングフリークが沢山います。

　ペヤングの特徴は、まずその四角いパッケージ。理由は、当時は主流だった円形パッケージとの差別化と、「屋台の焼きそば」で使用している発砲スチロールのトレイの形からだとのこと。

　味付けは発売開始以降一切変えず、液体状の「まろやかソース」を使用。カップ焼きそば用の液体ソースを初めて開発したのは「まるか食品」で、それまでのカップ焼きそばは、すべて「粉末ソース」でした。

　長い期間、静岡から青森までの範囲を中心に販売してきましたが、2008年から西日本地域にも進出。2015年からは近畿地方でも「ペヤングCM」が流されるようになりました。

　味の良さもさることながら、ペヤングを一躍有名にしたのは、17年間に亘りCMキャラクターをしていた桂小益の存在が大きいです。

　焼きそば屋台の店主（小益）と柔道部の部員とのやりとり（寸劇）は実に素朴で軽妙。なぜか記憶に残ります。

「しかくくって食べやすい。気が利いているよな。どうだい味は？」
「まろやか～」
「もう一丁いく？」
「おっす」

　忘れられません！

間違いないネ！ 定番即席ラーメン　★チャルメラ

　近所のスーパーマーケットや個人食料品店に行くと、必ずと言っていいほどラーメン棚に鎮座しているのが「チャルメラ」。

　いつも当たり前に置いてあり、ふつうに食べていたので、強い印象はないのですが、いつ食べても期待を裏切らないことが多く、いわば不動の5番打者といえましょう。

　強いて言うなら、良い意味で人を選ばない万人受けする味。

　なので、ネギや卵、海苔をトッピングするのもよいのですが、シンプルに何も加えないで食べてみると、本来チャルメラの持っている、そのポテンシャルの高さにびっくりさせられます。この値段でこの味、満足感…いつも納戸に2袋はキープしておきたい、そんな即席ラーメンです。

　この定番商品が世に出たのは1967年、おりしも日本の高度経済成長まっただ中の時代。ちょうどこの頃から女性の社会進出が目立つようになり、家に帰っても母がいない事が多く、腹のすいた子供は、慣れた手つきでチャルメラを作り、鍋ごとすすったものでした。かくいう筆者がそうでした。

　ところで、しょうゆ味で知られるこのチャルメラですが、最近は味のバリエーションが増えているそうで、みそ（1984年）、とんこつ(1985年)、塩（1990年）が出ているそうです。人気順位は、1位：しょうゆ、2位：とんこつ、3位：みそ、4位：塩。とんこつが健闘していますね。

　人気のロングセラー商品ですが、消費者に飽きられないよう改良されています。麺は、歯ごたえがよく伸びにくい硬めの食感に変更、スープは隠し味のホタテの旨味をアップ。さらに、麺には牛乳2本分のカルシウムが練りこまれています。

参考資料：excite コネタ

かまくら
(秋田県横手市)

●節気・行事●

初 午	2日
節 分	3日
立 春	4日
旧 正 月	5日
建国記念の日	11日
雨 水	19日
旧 小 正 月	19日

●月　　相●

| ○満 月 | 20日 |
| ●新 月 | 5日 |

2月の花き・園芸作業等

花　　き

　サクラソウの株分けと植替え。ツルバラの支柱への誘引。チューリップ、ムスカリ、スイセンなど秋植え球根の追肥。ウメ、サクラ、モクレン、バラなど落葉樹の接木。落葉樹の剪定と移植。生け垣の剪定と追肥。芝生の目土入れ。

野　　菜

　早熟用果菜類の播種。夏採セルリ、チシャの冷床播種。半促成果菜類支柱消毒。カブ、ダイコン、ホウレンソウの播種。秋まきキャベツ、カリフラワー、ブロッコリー、ネギの定植。

果　　樹

　落葉果樹の植付け、剪定整枝。粗皮削り、落葉果樹に対する施肥。ナシ、ブドウの誘引。ブドウ、ウメの接ぎ木。ブドウ、イチジクの挿し木。ミカン園の深耕、ガスくん蒸。ブドウの剥皮。ウメケムシの採卵、焼殺。

2月 暦と行事予定表

	節　気　・　行　事	予　　　　　定
1 （金）	テレビ放送記念日、己巳	
2 （土）	初午、国際航空再開の日、交番設置記念日、麩の日	
3 （日）	節分、豆まき、恵方巻き	
4 （月）	立春	
5 （火）	旧正月、新月	
6 （水）	海苔の日	
7 （木）	北方領土の日	
8 （金）	こと始め、針供養	
9 （土）	河豚の日、服の日	
10 （日）	ニットの日、ふとんの日	
11 （月）	●建国記念の日	
12 （火）	レトルトカレーの日	
13 （水）	苗字制定記念日、上弦の月	
14 （木）	聖バレンタインデー	
15 （金）	全国緑化キャンペーン、ねはん会	
16 （土）	全国狩猟禁止、天気図の日、寒天の日	
17 （日）	アレルギー週間（23日まで）	
18 （月）		
19 （火）	雨水、万国郵便連合加入記念日ひな人形飾り付けの日	
20 （水）	旅券の日、歌舞伎の日、満月	
21 （木）	日刊新聞創刊の日	
22 （金）	世界友情の日、猫の日	
23 （土）	皇太子誕生日、税理士記念日、ふろしきの日	
24 （日）		
25 （月）		
26 （火）	二・二六事件の日（昭和11年）、下弦の月	
27 （水）		
28 （木）	ビスケットの日	

品種選びのポイント

2月の野菜づくり

　自給菜園では楽しく、安全な野菜を作ることがモットー。更にバラエティに富んだ野菜を作れば食卓がにぎやかになるでしょう。

★種袋を確認

　種袋には重要な情報が記載されています。品種を選ぶポイントは、①その土地の気候や栽培時期に合っているか、②病気や害虫に強く、つくりやすいか、③利用・調理に適しているか、など見極めましょう。

★作型を決める

　「作型」とは種まきから収穫までの気候に適した栽培の時期と作り方を示した栽培暦のことです。気候は寒冷地、一般地、温暖地などに分けられ、その地域での作型が示されています。

★生育日数

　生育日数の短い品種を早生、長い品種を晩生、これらの中間を中生と呼びます。タマネギの早晩性と貯蔵性には深い関わりがあり、早生品種は貯蔵性が低く、晩生品種は貯蔵性が優れています。ハクサイやスイートコーンでは早晩性が80日や90日などの生育日数で示されることもあります。

★耐病性、耐寒性

　自給菜園では病気に強い品種を選び、できるだけ農薬に頼らずに作りましょう。アブラナ科では根こぶ病に強い品種名に「ＣＲ」、萎黄病に強い品種名に「ＹＲ」が付いているものもあります。また、冬野菜では耐寒性、夏野菜では耐暑性があれば安心です。

★新しい野菜

　自給菜園での楽しみに、珍しい野菜や新品種に挑戦してみてはいかがでしょうか。イタリア料理に調理用トマトやバジルなど、焼き肉にはレタスの仲間のサンチェ、サラダにルッコラ、トレビスなど、新野菜は食卓の話題に上ります。

（神奈川県種苗協同組合　成松　次郎）

メダルに一番手が届きやすい競技？

オリンピックこぼれ話

　普通オリンピックに出場できる選手といえば、素質と体力に恵まれ、さらに長期間の練習で技を磨いた努力家ばかりです。

　しかし、中には「それほど頑張らなくても出場できる競技があればいいのに」と考える楽天家もいるでしょう。

　そこで、今「メダルに1番手が届きやすい競技」といわれている近代五種競技について少しご紹介しましょう。

　近代五種競技は、1人で射撃、フェンシング、水泳、馬術、ランニングの5競技をこなして順位を決める複合競技です。

　ただ、トライアスロン以上にハードな競技でありながら、その人気はいまひとつ。

　近代五種競技のプロ選手は世界中どこにも存在しませんが、いわゆるお金にならない競技だという点も、近代五種競技が注目されない原因のひとつでしょう。

　なにしろ世界的に見ても近代五種競技の競技人口は200〜300人といわれており、ほかの競技と比べても非常に少ないのは事実です。トライアスロンの世界的な競技人口は200万人を超えていますから、その差は歴然です。

　さらに、現在日本での競技人口（2018年時）はわずか33人とごく少数。

　これが「メダルに一番手が届きやすい」といわれる理由でしょう。

　たとえば、2012年のロンドンオリンピックに出場した山中詩乃選手は、競技歴わずか1年半ほどでオリンピック日本代表に選ばれたそうですから、やはりオリンピック出場のハードルは低いのかもしれません。

　このような現状を見ると、競技経験は浅くても日本代表になるのは夢ではありません。

　運動能力に自信のある人は、今から挑戦を始めてみてはいかがでしょう。

2 月 1 日㊎	天気		行事
	気温	℃	

テレビ放送記念日、己巳

2 月 2 日㊏	天気		行事
	気温	℃	

初午、国際航空再開の日、交番設置記念日、麩の日

たっちょほねく丼

　和歌山県有田市は、たちうお漁獲量日本一を誇っている市で、有田市のご当地グルメ「たっちょほねく丼」は、全国どんぶり連盟主催の全国どんぶりコンテストのご当地丼部門で金賞になった有田市の絶品ご当地グルメです。

　有田市の方言で、「たっちょ」は太刀魚、「ほねく」は太刀魚の身を骨ごとすりつぶして油で揚げた天ぷらです。

　すり身だけでなく骨が入っているので骨による独特の風味が地元で愛されてきました。

　昔ながらの郷土の味「ほねく」の新しい食べ方や味を求めて誕生したご当地B級グルメ「たっちょほねく丼」です。

　このご当地B級グルメは、ほねくを、①かき揚げにする、②卵を使う、③餡をかけるという3点を最低基本ベースにして。飲食店ごとに出汁や餡やご飯に特徴を加えて、各店オリジナルアレンジを加えた独自の「たっちょほねく丼」を提供しています。

　有田市では平成29年4月1日付けで市の魚を

－ 30 －

2 月 3 日㊐	天気		行事	
	気温	℃		

節分、豆まき、恵方巻き

2 月 4 日㊊	天気		行事	
	気温	℃		

立春

「たちうお」と定め、毎年11月11日を「たっちょの日」と制定しました。また、「太刀魚料理が食べられる店マップ」を作成し、市内外に太刀魚をPRしています。現在マップに載っている店舗は21店舗で、マップ片手に各店の個性が光るさまざまな美味をもとめて、有田市内を散策してみてはいかがですか。

なお、飲食店で提供できる日は、店の前に太刀魚の旗が掲示されます。

(農林統計協会　賛助会員　楠部　哲夫)

2 月 5 日㊋	天気		行事	
	気温	℃		

旧正月、新月

2 月 6 日㊌	天気		行事	
	気温	℃		

海苔の日

スキー

地球から飛び出しそうなラージヒル 小坂　恭一

　スキーのジャンプ競技には、70m級ジャンプの「ノーマルヒル」と90m級ジャンプの「ラージヒル」がある。

神業と思うアスリートのジャンプ　黒田　茂代

沙羅ちゃんのジャンプ華麗な鳥になる　鈴本　千代

　昨年の韓国・平昌オリンピックの女子ノーマルヒルで、高梨沙羅選手は103.5mを飛び銅メダルを手にした。四年前のロシア・ソチ五輪では金メダルを期待されながら4位だった。次の

中国・北京五輪が待たれよう。

風の子は風から学ぶテレマーク　　　柴垣　一

　平昌五輪のスキー部門では、ジャンプ以外に、ノルディック複合で渡部暁斗選手が銀メダル、フリースタイルの原大智選手が銅メダル、スノーボードでは平野歩夢選手が銀メダルにと、それぞれ輝いた。

スキー場色のよい服よく転ぶ　　　　池田　勲二

スキー板かつぎヤッホー若かった　大熊ミサ子

　経済の高度成長のもとでレジャー産業も盛ん

2 月 7 日㊍	天気	行事	
	気温　　　℃		

北方領土の日

2 月 8 日㊎	天気	行事	
	気温　　　℃		

こと始め、針供養

になり、スキー場の開発や整備が進んだ。昭和47（1972）年の冬期札幌五輪もブームに拍車をかけた。男子ノーマルヒルで、日本勢が金、銀、銅のメダルを占め「日の丸飛行隊」と呼ばれ、スキー熱はいよいよ燃え広がった。カラフルなヤッケがゲレンデを埋めた。

初スキー生理休暇の部下に会い　　　遠藤　量
シュプールの迷いこんでた雪崩地区　奏ゆうじ
　明治44（1911）年1月、新潟県高田市の陸軍歩兵第58連隊に配属されたオーストリアのレル

ヒ少佐がスキーの講習を行なった。翌年の1月には高田市郊外の山で、わが国では最初のスキー競技会が行なわれたとある。
　スキーが戦争の道具になることは未来永劫あってはならないと願う。ウィンタースポーツとして盛んになっていって欲しい。

スキー買って子供の夢へ雪が降り　越郷　黙朗
　楽しいスキーであってほしい。

　　　　　（NHK学園川柳講師　橋爪まさのり）

2 月 9 日㊏	天気		行事
	気温	℃	

河豚の日、服の日

2 月 10 日㊐	天気		行事
	気温	℃	

ニットの日、ふとんの日

島で受け継がれる郷土の味「茶がゆ」

　「茶がゆ」は、瀬戸内海に浮かぶ、山口県周防大島（屋代島）の郷土料理です。平地が少なく水も不足しがちな島では、昔からお米を大事にしており、さつまいもを入れた節米食として、親しまれてきました。朝夕の食事以外にも、子どものおやつにしたり、農繁期の作業の合間や隣り近所が集まっての話し合いなどに「ちょっとおびいぢゃ（お茶がわりの茶がゆ）にしようか」と一息つくときなどに、なくてはならないお茶うけでした。

　茶がゆは、白がゆのようにどろっとさせず、さらさらに作るのが特徴です。

　茶がゆのお茶は、豆茶（ハブソウ茶）を使うことが一般的です。また、さつまいもの代わりにソラ豆を入れた「豆ぢゃ」、団子を入れた「だんごぢゃ」などもあります。冬は、作ったばかりのあつあつがおいしいですが、夏は冷まして冷たくした茶がゆを食べることもあります。

　今でも、各家庭で受け継がれています。

2 月11日㊊	天気		行事
	気温	℃	

●建国記念の日

2 月12日㊋	天気		行事
	気温	℃	

レトルトカレーの日

【材料】
　米：1.5合、水：1.8ℓ、さつまいも：2本、
豆茶：30g程度
【作り方】
①分量の水を鍋に入れ、煎った豆茶を茶袋に入
　れて強火で煮出す。
②洗米していない米と一口大に切ったさつまい
　もを皮ごと煮立っている①に入れ、米がくっ
　つかないように、ふきこぼれない位の強火で
　15分～20分程度を目安に一煮立ちする。

※茶がゆを作るコツ
　ふきこぼれない程度の強火の持続し、米が踊
るようにたくとおいしい茶がゆができる。粘り
を出さないように、煮る途中はあまりかき回さ
ず、米の芯がなくなったらできあがり。煮すぎ
ないこと。

（山口県 農林水産部 農林水産政策課
　　　　　　　　　　　　星野 智美）

2 月13日㊌	天気	行事
	気温　　　℃	

苗字制定記念日、上弦の月

2 月14日㊍	天気	行事
	気温　　　℃	

聖バレンタインデー

雪の重みによる倒木被害

　大雪の際には、雪の重みによる倒木の被害が多く発生します。果樹園やスギやヒノキなどの人工林では、枝折れや根返り、幹折れなどの農業・林業被害が、庭木や街路樹では倒木による家屋や自動車の被害が発生します。

　また、倒木による停電や鉄道の運休、道路の通行止めなど、市民生活においても大きな影響が発生するとともに、過去には倒木の下敷きになる死亡事故が度々発生しています。

　これら雪の重みによる倒木被害は、木の枝や葉などの樹冠に、多量の雪が付着することで発生します。被害をもたらす気象条件は大きく分けて二つあります。一つは、気温0℃以上で風が強いときに発生するもので、強風による横殴りの湿った雪が木に着雪することで発生します。もう一つは、気温0℃未満で風が弱いときに発生するもので、乾いた雪がしんしんと樹冠に降り積もって帽子状に冠雪することで発生します。日本海側地域においては西高東低の冬型の気圧配置による大雪の際に、太平洋側地域に

2 月15日㊎	天気		行事
	気温	℃	

全国緑化キャンペーン、ねはん会

2 月16日㊏	天気		行事
	気温	℃	

全国狩猟禁止、天気図の日

おいては二つ玉低気圧や南岸低気圧の通過時の大雪の際に、多く発生しています。
　雪による倒木の対策としては、果樹や庭木、街路樹では、支柱や雪吊りによる補強が有効です。人工林では、適切な時期に適切な方法で間伐を実施することが、被害の予防・低減に効果があります。また、大量の雪が付着した木は非常に危険ですので、近づかないようにするなど、十分な注意が必要となります。

（国研　森林総合研究所　勝島　隆史）

2 月17日㊐	天気		行事	
	気温	℃		

アレルギー週間（二十三日まで）

2 月18日㊊	天気		行事	
	気温	℃		

クリマサリ　～幻の芋が地域おこしの特産品～

　昭和24年、九州農業試験場指宿試験地で交配された種子から選抜を行い、早堀生食用専用種としてすぐれた特性が認められ、昭和35年、「くりまさり」の品種名で登録されました。

　神奈川県平塚市大野地区では第二次大戦前からサツマイモが栽培されていました。当時は八幡白が作付されていましたが、戦後は沖縄100号、オキマサリが栽培され、その後高系14号に切り替わっています。昭和35年ころ、クリマサリが導入・栽培されています。当時、クリマサ

リは、食味は良いものの、形状がくねくねと細長く、色が淡いため、見栄えがしないので、栽培農家の間では市場出荷に向かないとされていました。

　50年くらい前、埼玉県の老舗菓子店の経営者が偶然に平塚市大野産のクリマサリに出会い、その味の良さに驚き、持ち帰りました。揚げてみたところサックリと揚がり、食感が良いことを確認し、以来、取引が始まり、今日まで続いてきました。

2 月19日㊋	天気		行事	
	気温	℃		

雨水、万国郵便連合加入記念日、ひな人形飾り付けの日、旧小正月

2 月20日㊌	天気		行事	
	気温	℃		

旅券の日、歌舞伎の日、満月

　　クリマサリは加工用として、長い間供給されてきたため、一般市場には出回らない「幻のイモ」と評されていました。しかし、神奈川県農業技術センターによるウイルスフリー化がなされ、優良系統が普及されたこと、あるいは地域の特産農産物との評価が高まったこともあり、クリマサリを原料とする加工品の開発が始まりました。加工品の第1号は製菓会社に出荷できない外規格やSサイズを使用した焼酎です。
　　また、平塚市内の菓子店やパン店での加工品製造、社会福祉法人による焼き菓子製造がなされ、地域おこしに貢献しています。

（小清水　正美）

2 月21日㊍	天気		行事	
	気温	℃		

日刊新聞創刊の日

2 月22日㊎	天気		行事	
	気温	℃		

世界友情の日、猫の日

バレンタインデー　海外で生まれ、独自の進化を遂げた年中行事

　海外で生まれ、チョコレートのプロモーションと結び付き、独自の進化を遂げてすっかり根づいた年中行事。それこそが、2月14日のバレンタインデーでしょう。

　もともとはキリスト教圏内の国々で、カップルが愛を誓い合う日とされており、ローマ皇帝迫害下で殉教した聖ウァレンティヌスに由来するとされています。

　今をさかのぼること1750年近い269年、時のローマ帝国皇帝・クレウディウス2世が、兵士

達の結婚を禁止する勅令を出しました。愛する女性に気を取られ、帝国を支えるべき兵士たちの志気が下がるというのです。

　キリスト教の司祭であった聖ウァレンティヌスは兵士達を哀れみ、内緒で結婚式を行っていました。ところが皇帝の知るところとなってしまいます。その処刑日が、2月14日であったというのです。

　この話が事実なのか、いぶかる歴史家が多いのも事実ですが、以来、この日は恋する男女の

2 月23日㊏	天気		行事	
	気温	℃		

皇太子誕生日、税理士記念日、ふろしきの日

2 月24日㊐	天気		行事	
	気温	℃		

ための日とされて、バラの花や小物、チョコレートを送るなどが行われていました。西洋ではチョコレート限定ではなく、まして女性からの告白日ではなかったのです。

それが一転、日本で「バレンタインといえばチョコレート」と定着するきっかけには、あるプロモーションがありました。クリスマスが終わり、冬枯れの季節を迎えた洋菓子メーカーが起死回生を図る一策としてチョコを猛烈プッシュしたのです。これを最初に考案した企業にも

諸説ありますが、東京都大田区にある『メリーチョコレートカムパニー』と、神戸の『モロゾフ製菓』が、考案者の誉れを競い合っています。

(千羽 ひとみ)

2 月25日㊊	天気	行事
	気温　　　℃	

2 月26日㊋	天気	行事
	気温　　　℃	

二・二六事件の日、下弦の月

有明海の恵みを詰め込んだ『佐賀海苔』

現在日本で流通する国産海苔のうち、およそ2割が佐賀県産。

有明海沿岸で養殖される「佐賀のり」は、昔からクオリティの高いことで知られ、「有明海産」を代表する名品といわれてきました。

多くの河川が流入する有明海の海水には豊富な栄養分が含まれ、その沿岸は豊かな漁場としても有名です。

また最大6mという日本一の干満差が海苔の養殖に最高の環境を作り出し、全国でも有数の海苔産地となったのです。

その恵まれたロケーションで育った佐賀のりは、艶のある黒紫色をしていて、火で焙るとサッと緑色に変わるのが特徴です。

香ばしく甘みがあって、サクッとした食感と軽快な歯切れが楽しめる佐賀のりは、海苔の最高級ブランドとして名を馳せており、全国の料亭や和食店で珍重されているといいます。また、最近では有明水産振興センターが日々変化する海水の塩分や水温を毎日ホームページで提供す

2 月27日㈬	天気		行事	
	気温	℃		

2 月28日㈭	天気		行事	
	気温	℃		

ビスケットの日

るとともに「のり養殖情報」を発行して生産者をサポート。

　こうしたネットワークも佐賀海苔の品質向上に一役買っているようです。

　消費者にとっては、海苔の中に濃縮した栄養成分も大きな魅力。特に、不足しがちなビタミンやミネラル、食物繊維がたっぷりと含まれている点は見逃せません。

　海苔には12種類ものビタミンのほかにコレステロールの低下に効果のあるＥＰＡやタウリン、β-カロチンなどの微量栄養素が含まれていて、まるで海のサプリのようです。

　さらに、最近では佐賀海苔で出来た食べられる名刺を全国に広めるという「佐賀海苔の名刺のりプロジェクト」というちょっと変わったイベントも始動。ますます注目度の高まる佐賀のりから、目が離せません。

（佐賀県うまいもの同好会）

いぶし銀の車メーカー　★三菱自動車

　三菱は日本の自動車メーカーとして最古の歴史を持っています。

　三菱はじめての車「三菱A型」は、当時のヨーロッパ車を参考に1917年に試作され、1922年まで合計22台がつくられました。

　長い歴史で培われた基本に忠実なモノ作りのノウハウ、それに相反する斬新なアイデアの投入を見事に融合させる思想と技術が、三菱の強みではないでしょうか。

　残念ながら、一連のリコール隠し問題や燃費偽装問題で人気と信頼度が多少落ちましたが、いまでも日本を代表する魅力的な自動車メーカーです。

　三菱自動車の特徴としては、古くからモータースポーツに力を注いでいるという点です。

　世界ラリー選手権では「ランサー・エボリューション」が、ダカール・ラリーでは「パジェロ」が総合優勝を果たし、圧倒的な好成績を残しています。

忘れられない名車・ギャランVR-4

　ギャランの6代目として1987年に登場したギャランVR-4は、当時最先端のハイテク装備を身にまとい、4気筒最強のターボエンジンを搭載したスポーツセダンとして登場しました。

　世界ラリー選手権出場を目的に開発されたモデルのため、完成度は同じ中型セダンの中でも群を抜き、抜群の走行性能を誇っていました。

　発売してまもない頃、著名な自動車評論家・徳大寺有恒氏は「いま時点で世界中の量産車の中で最も高速安定性の高い車。ドイツのアウトバーンで試乗して時速200kmをゆうに超えたが、全く不安なく走れた」と普段の辛口コメントからは想像できない、大絶賛の評価を下しました。

参考資料：Wikipedia

いぶし銀の車メーカー　★ダイハツ

　日本で最も古い量産車のメーカーで、1907年に「発動機製造株式会社」として大阪で創設。ダイハツの名前の由来は、客の間で「大阪の発動機」といわれていたのが詰まって「大発（ダイハツ）」になったそうです。

　ダイハツは、軽自動車の販売では常にスズキとトップを争うメーカーで、本社は大阪府池田市にあります。現在はトヨタ自動車の完全子会社で、小型車（軽自動車）生産の分野に特化し、トヨタとは棲み分けをしています。

　トヨタ同様に使い勝手と品質の優れた、クセのない車が多く、経済性とコストパフォーマンスに優れたミライース、居住空間、乗降性に優れたタント、ムーブなどがその代表車種です。

　軽トラックの部門でもハイゼットを主力に売れていて、こちらもスズキとトップ争いを継続中。ちなみにダイハツの新車購入者の過半数は女性とのこと。

忘れられない名車・シャレード

　トヨタの傘下に入ったあと、軽自動車以外の開発は暗黙の了解でご法度でしたが、1977年に新しい試みとして販売を開始したのが「シャレード」。

　コンパクトカーでありながら広い室内空間を確保。なんと翌1978年にはカー・オブ・ザ・イヤーを受賞しました。

　1984年には1ℓ3気筒という何とも奇抜なディーゼル・ターボエンジンを開発し、ディーゼル特有のカラカラとした音や振動を逆手にとり、「ロックン・ディーゼル」と謳って宣伝しました。1991年にはディーゼルエンジン最高燃費36.54km／ℓをたたき出し、ギネスブックにも載りました。

　今ではほとんど街中で見かけることが無くなりましたが、隠れた名車と言えます。

参考資料：Wikipedia

3月 March

だるま市
(深大寺)

●節気・行事●

ひなまつり	3日
啓　　蟄	6日
彼 岸 入 り	18日
春 分 の 日	21日
社　　日	22日
彼 岸 明 け	24日

●月　　相●

○満　　月	21日
●新　　月	7日

3月の花き・園芸作業等

花　き

草花苗の花壇への定植。グラジオラス、カンナ、アマリリス、ダリアなど春植え球根の花壇や鉢への植付け。花壇の霜よけの取り外し。クレマチス、キキョウ、フロックス、ホトトギスなど宿根草の追肥と株分け。スイレンの植替え。ウメの花後の剪定。落葉樹の挿し木。

野　菜

普通栽培の果菜類の苗床播種。カボチャ、スイカ、トウガン、キャベツ、菜類、ネギ、豆類、ゴボウ、ダイコン、ニンジン、セルリ、春まきハクサイの播種。トマト、ネギ、カボチャの移植。キャベツ、トンネルハクサイの定植。ショウガの催芽、土入れ。ハスの定植。菜類、ゴボウ、ニンジンの収穫。

果　樹

ミカン、ビワの剪定施肥。ビワの摘果袋かけ。ウメ、モモ、ナシ、カキ、リンゴ、ビワの接ぎ木。ミカン類の施肥。除コモ。ブドウ、ナシの誘引。ミカン類貯蔵庫の管理。落葉果樹の薬剤散布。

3月 暦と行事予定表

日	曜	節 気 ・ 行 事	予 定
1	金	春の全国火災予防運動（7日まで） デコポンの日	
2	土		
3	日	**ひな祭り**、耳の日、桃の日	
4	月	ミシンの日、バウムクーヘンの日	
5	火	珊瑚の日	
6	水	**啓蟄**、スポーツ新聞創刊の日	
7	木	消防記念日、メンチカツの日、新月	
8	金	国際婦人デー、さやえんどうの日、 二日灸	
9	土	記念切手の日、雑穀の日	
10	日	農山漁村婦人の日	
11	月		
12	火		
13	水	新撰組の日	
14	木	ホワイトデー、さーたあんだぎーの日、 旧こと始め、旧針供養、上弦の月	
15	金	靴の日	
16	土	国立公園の日、財務の日	
17	日		
18	月	彼岸入り、点字ブロックの日	
19	火	ミュージックの日	
20	水	上野動物園開園記念日	
21	木	●**春分の日**、春分、彼岸中日、満月	
22	金	NHK放送記念日	
23	土	世界気象デー	
24	日	彼岸明け、庚申	
25	月	電気記念日	
26	火		
27	水	さくらの日	
28	木	甲子、下弦の月	
29	金	作業服の日	
30	土	旧国立競技場落成の日	
31	日	教育基本法・学校教育法公布記念日、年度末	

タネの発芽条件

3月の野菜づくり

タネは成熟につれて含水率が10％程度まで減少して胚の成長が停止し、貯蔵性を高め休眠状態になります。この胚が吸水によって成長を再開し、発芽が始まります。タネの発芽には適度な水分、酸素と温度が必要で、種類によっては光の影響をうけるものもあります。

◆水分

吸水量はタネの種類によって異なり、イネ科のタネは重量の25～30％を吸水しますが、マメ科の種子は80～120％吸水します。しかし、供給する水分の量は多すぎても少なすぎても良くありません。硬実のニガウリ、オクラなどは、果皮が水を通しにくいので浸種（吸水処理）することもあります。また、高温で発芽が困難なホウレンソウ、レタスなどは浸種と低温処理で発芽が促進されます。

◆酸素

タネの発芽には呼吸を伴うため、十分な酸素が必要で、酸素要求量が満たされないと発芽しません。一般に、10％以上の酸素濃度が必要で（空気中の濃度は約21％）、タネが土中深く埋もれていたり、水没すると酸素不足となり、発芽が悪くなります。

◆温度

多くの野菜は20～25℃が発芽適温で、よく発芽しますが、30℃程度の高温を好むもの（スイカ、メロン、カボチャなど）や15～20℃の低温が適するもの（レタス、ホウレンソウなど）があります。葉根菜類は5℃くらいの低温から発芽し始め、これを発芽最低温度と呼び、温度が上がるにつれ発芽が良好になり、発芽適温に達します。それより高くなると、発芽が次第に悪くなってゆき、発芽最高温度になって全く発芽しなくなります。

◆光

発芽に光が必要な好光性種子には、レタス、ミツバ、ゴボウなどのキク科野菜、一方、暗黒で発芽がよいものを嫌光性種子といい、ナス科、ウリ科、アブラナ科野菜があります。好光性種子はタネが隠れる程度に覆土を浅くします。

（神奈川県種苗協同組合　成松　次郎）

満点連発の白い妖精が歩んだ波乱の人生

オリンピックこぼれ話

今ではビートたけしの「コマネチ！」というギャグでしかその存在を知られなくなりましたが、かつて「白い妖精」と呼ばれて、世界を熱狂させた女子体操選手がいました。

「ナディア・コマネチ」は、1961年ルーマニア生まれで、幼い頃から体操競技に専念。

8歳で競技会に優勝してからは負け知らずで大会を勝ち進み、1976年のモントリオール五輪にルーマニア代表として出場しました。14歳のコマネチは、このオリンピックでその才能を開花させ、なんと7回も10点満点を出し、大会史上最年少で金メダル3個を獲得したのです。

華奢で可憐な美少女が次々と難易度の高い技を繰り出す様子は各国で放映され、「白い妖精ナディア・コマネチ」の名はたちまち世界中で知られるようになりました。

こうして素晴らしい結果を出したコマネチは、帰国すると国家の誇りとして国民の大きな拍手で迎えられました。

ところが、当時のルーマニアはチャウシェスク大統領の独裁政権下にあり、自由な行動や発言は厳しく制限されていました。さらに、コマネチを悩ませたのが、大統領の次男ニク・チャウシェスクの一方的な求愛でした。既婚者の身で執拗にコマネチを追いかけ、愛人になることを強要する彼の行動に悩むコマネチは、ついに亡命を決意。ルーマニア革命直前にアメリカへの亡命を果たしました。

自由を求めてアメリカに渡ったコマネチは、その後アメリカンカップで知り合った元オリンピック選手のバート・コナーと再会して結婚。現在はオクラホマ州で体操教室を開きながらチャリティー活動や講演会などで世界を飛び回っているそうです。

ちなみに彼女はＡＢＣニュースの「20世紀の重要な女性100人」にも選ばれています。

3 月 1 日㊎	天気		行事
	気温	℃	

春の全国火災予防運動（7日まで）、デコポンの日

3 月 2 日㊏	天気		行事
	気温	℃	

奈良県の5～6月出荷小ギクの品種開発

　小ギクは年間を通じて需要があり、全国有数の小ギク産地である奈良県平群町では、5～12月の長期間出荷されています。

　キクは元々、秋に咲く作物で、短日条件になると花芽が形成されます。しかし、5～6月に開花する小ギクはこの性質がなくなっています。

　露地栽培では、前年の夏の終わりに株元の地際から生えてくる芽を採取し、それを挿して1か月ほど育苗し、10月に定植します。1月頃に新芽が出てきますので、4月頃に伸びてきた茎を株あたり5～6本に整理します。こうした管理を行うことで、5～6月に開花する小ギクが出荷できます。しかし小ギクにとっては、春先はまだ気温が低いので、茎の伸びがあまりよくありません。このため、この時期に収穫された小ギクは茎の長さが短い傾向にあり、買い手が求める長さを満たすものが少ないという問題があります。

　そこで当センターでは、露地の低温下でも茎

3月3日㊐	天気	行事
	気温　　　℃	

ひな祭り、耳の日、、桃の日

3月4日㊊	天気	行事
	気温　　　℃	

ミシンの日、バウムクーヘンの日

が十分に伸びる新しい小ギク品種の育成に取り組んできました。その成果として、平成29年3月に「春日Y1」（流通名：春日の光）と「春日W1」（同：春日の泉）の二つを品種登録出願しました。これらの活用によって、5～6月にも十分な長さをもつ小ギクが安定して生産され、市場に出荷できるようになることが期待されます。

写真：品種登録出願した
　　　新品種候補
注：「春日Y1」（春日の光・左）
　　と「春日W1」（春日の泉・右）

（奈良県農業研究開発センター

中嶋　大貴）

3 月 5 日㈫	天気	行事
	気温　　　　℃	

珊瑚の日

3 月 6 日㈬	天気	行事
	気温　　　　℃	

啓蟄、スポーツ新聞創刊の日

伊勢崎絣（かすり）　[群馬県の伝統工芸品]

　群馬県は古くから養蚕業が盛んで、全国的に生産量が減少した近年においても、そのシェアは35％（平成27年統計）を占めています。

　この群馬県の風土の中で生まれたのが、伊勢崎絣です。

　伊勢崎絣は「太織」という残り物の繭から引き出した生糸を用いた織物で、本来自家用に生産されていたものでした。江戸中期にその基礎が築かれ、丈夫かつお洒落な縞模様が次第に人気を博し、遠くは江戸、京都、大阪へも出荷さ

れるようになりました。

　明治に入ると近代的な染め色、織物技術が海外から導入され、手紡ぎ糸から機械生産による撚糸へと変わり、生産性も大幅に向上しました。

　明治末から昭和初期にかけて、伊勢崎絣は「銘仙」と呼ばれ、足利、桐生、秩父、八王子と共に五大銘仙の産地と呼ばれるまでに成長を遂げました。

　しかし、その後、急速な洋装化や戦後日本における繊維産業の斜陽化に伴い、生産量は激減

3 月 7 日㊍	天気		行事
	気温	℃	

消防記念日、メンチカツの日、新月

3 月 8 日㊎	天気		行事
	気温	℃	

国際婦人デー、さやえんどうの日、二日灸

しましたが、1975年（昭和50年）に名称を「伊勢崎絣」（地域ブランド）で国から伝統工芸品の指定を受け、反物以外の製品（ネクタイ・テーブルクロス・のれん等）に製造技術を応用し、再び注目を集めることになりました。
　その後も試行錯誤を続け、伊勢崎絣の伝統を絶やさない努力が、現在まで続けられています。

（農林統計協会 賛助会員　樋口　英夫）

| 3 月 9 日㊏ | 天気 | 行事 |
| | 気温　　　　℃ | |

記念切手の日、雑穀の日

| 3 月10日㊐ | 天気 | 行事 |
| | 気温　　　　℃ | |

農山漁村婦人の日

ひな祭り　女の子の幸せを祈る行事は、中国が起源

　2000年近く前の魏の時代（220〜265年）、3月3日に川で身を清め、不浄を祓う習慣がありました。日本には、平安時代（794〜1185年）に伝わりますが、紙や草などで人形を作り、それに身代わりとなってもらって災いを川に流すかたちに姿を変えます。これこそが鳥取県や奈良県など、各地に残る『流しびな』の原型。ひな人形はもともと、流しびなが起源なのです。

　そんなひなまつりが現在のような『女の子の行事』になり、立派な装束をつけた人形となっ

たのは、徳川家康の孫娘、東福門院がきっかけだったと言われています。

　徳川二代将軍秀忠の娘として生まれた東福門院こと徳川和子は、幕府による朝廷懐柔作の一手として後水尾天皇の中宮として入内、皇女・興子が生まれます。徳川幕府との反目により、夫の後水尾天皇は退位。わずか6歳だったわが子・興子内親王（明正天皇）が即位しますが、当時の女性天皇は、夫となった人の権力の乱用を避けるため、未婚が決まりでした。これを哀

3 月11日㊊	天気	行事
	気温　　　℃	

3 月12日㊋	天気	行事
	気温　　　℃	

れみ、わが子明正天皇の女性としての幸せを祈る気持ちで作らせたのが、現在のひな飾りの始めとされています。

　そんなひな飾りですが、男びなと女びなの並び方はどうされていますか？

　古来より、日本では左側が右側より上位とされていたことから、男びなが左（向かって右）、女びなが右でした。ですが今ではこれが逆転、向かって左に男びなを飾ることが多くなってきています。これは明治以降、向かって左を上位とする、西洋式の並び方を取り入れたものと言われています。

（千羽 ひとみ）

3 月 13 日 ㈬	天気		行事	
	気温	℃		

新撰組の日

3 月 14 日 ㈭	天気		行事	
	気温	℃		

ホワイトデー、さーたあんだぎーの日、上弦の月

1200年もの歴史をもつ「大和茶」 ～長い伝統を紡いできた奈良のお茶～

茶の飲用は天平元年(729年)に聖武天皇が「行茶」の式を行ったことが最初の記録といわれています。また、「大和茶」は大同元年（806年）に弘法大師空海が唐から持ち帰った茶の種子を、弟子であり、佛隆寺の開祖、堅恵大徳が現在の奈良県宇陀市榛原区赤埴の地に播いたのが栽培の起源とされています。

「大和茶」が主に栽培されている奈良県北東部の大和高原の山間地は昼夜の温度差が大きく、霧が頻繁に発生します。この霧がお茶の木に湿潤な空気を送るとともに、日光を遮り、葉に含まれる旨み成分であるテアニンの増加を促しています。また、平均気温が低く日照時間が少ないので、ゆっくりと育つことにより、品質が高まるといわれています。そうして栽培される「大和茶」は淹れた瞬間から広がる香りの良さと爽やかな風味が魅力です。お茶には様々な淹れ方がありますが、お湯の温度が高いと、苦味・渋味成分が溶出しやすくなります。そこで以下では、低い温度で苦味・渋味を抑え、うま

3 月15日㈮	天気		行事	
	気温	℃		

靴の日

3 月16日㈯	天気		行事	
	気温	℃		

国立公園の日、財務の日

味成分を引き出す淹れ方をご紹介します。風味豊かな「大和茶」を是非一度ご賞味下さい。

「おいしい大和茶の淹れ方」（3人分）
①茶碗に八分目まで熱湯を入れて冷まします。
②急須には約10ｇの茶葉を入れます。
③茶碗で冷ましておいたお湯を急須に入れ、お湯の温度が約80度の場合は1分、約70度の場合は１分半待ってから、廻し注ぎで最後の一滴までしっかり注ぎます。

※二煎目（2杯目）からはお湯を急須に入れた後、30秒程待ってからお茶を注ぎます。

（奈良県 農林部マーケティング課

今西　將太）

3 月17日 ㊐	天気	行事
	気温　　　℃	

---

3 月18日 ㊊	天気	行事
	気温　　　℃	

彼岸入り、点字ブロックの日

除草・下刈り・地域資源

　「除草」は林業でも重要ですが過酷な作業です。足場の悪い植林地、暑くて蒸す季節、かぶれたり棘があったりする植物が茂る藪、マムシや、特にスズメバチの危険、刈払機は強力ですが一歩間違えば深刻な労災を引き起こします。しかし日本の地形の多くではこれ以上の機械化が難しいのも事実。林業では除草のことを下刈りと呼ぶことが多いのですが、下刈り省力化は研究上も最も重要な話題の一つになっています。

　省力化が期待される一方、おそらく下刈り作業自体の辛さやノルマのため、下刈り対象の植物達は憎き敵、「雑草木」と一絡げに個々の名前も意識されないことを、残念に思っています。彼らの中には資源として立派に利用可能な植物も多く含まれています。例えば、伐開地に真っ先に繁茂する雑木のクサギは、葉が山菜として賞用されます。南九州のお菓子、カカラ餅には、伐開地の凶暴な蔓であるサルトリイバラの葉が使われます。このような雑木、雑草の各々に再

3 月19日㊋	天気		行事	
	気温	℃		

ミュージックの日

3 月20日㊌	天気		行事	
	気温	℃		

上野動物園開園記念日

　び名が与えられ、産直に出品するなど活用され
れば、日々の晩酌代の足しぐらいにならないか
しらと思うのです。
　路端にフクジュソウやイチゲやカタクリが咲
いているのは、これらの草木を生かしめるやり
方で手間を厭わず黙々とあるいは賑やかに草木
を刈っている人達がいるからです。それぞれの
地域で、身近な雑木や雑草の知識が年長者から
次世代へと伝わり、地域文化・民俗継承の種子
になり、下刈り省力化とともに、辛い下刈り作

業に少しでも楽しみの要素を増すことに繋が
り、色々なことが変わっていけばいいのになぁ、
と思う日々です。

（国研 森林総合研究所 九州支所

八木　貴信）

3 月21日㊍	天気		行事
	気温	℃	

◉春分の日　　　　　　　　　　　　　　　　　　　　　　　　　　　春分、彼岸中日、満月

3 月22日㊎	天気		行事
	気温	℃	

NHK 放送記念日、社日

お茶の期待の新人「香り緑茶」～花のような甘い香りが楽しめる緑茶～

　静岡の緑茶といえば、これまでは新鮮な若葉の香りと程よい渋味の普通煎茶、緑色が濃くまろやかな味の深蒸し煎茶が一般的でした。このたびこれらに続く緑茶として、当センターでは、香りに特徴のある緑茶「香り緑茶」を開発しました。「香り緑茶」は、ほんのりと甘い花や果物のような香りを、添加物無しで発生させた茶で、香りと味を楽しむことができる、全く新しいタイプの緑茶です。

　通常、煎茶は、摘んだ茶葉を新鮮な状態で製造しますが、「香り緑茶」は茶葉をあえて少し萎れさせて製造します。茶葉を加温・撹拌し、その後15℃程度で12時間静置します。この一連の処理の間に、茶葉の中で反応が起こり、甘い香りが生成・蓄積されていきます。静置後は煎茶と同様の方法で製造します。

　これまでに、甘い香りを強く引き出し、香りの減少を抑える研究を行うとともに、香りの特徴を消費者に分かりやすく伝える表示デザインも作成しました。現在、香り緑茶製造の低コス

3 月23日㊏	天気		行事	
	気温	℃		

世界気象デー

3 月24日㊐	天気		行事	
	気温	℃		

彼岸明け、庚申

ト化の研究に取り組んでいます。

　また、香り緑茶の試飲アンケートを約600名の方に御協力頂いた結果、全体の約8割の方が味や香りを好むことが分かりました。普段あまりお茶を飲まない方からも、香り緑茶が好きだという意見を多数頂き、お茶に馴染みの少なかった方にも今後飲んでいただけるものと期待しています。

　最近では当センターの大量処理機を用いて試作を行う生産者も多く、商品化に至ったケース

もあります。これからさらに生産が増え、皆さんの目に触れる機会も増えてくると思いますので、是非、「香り緑茶」をお試しください。

（静岡県農林技術研究所 茶業研究センター
山本　幸佳）

| 3 月 25 日㊊ | 天気 | 行事 |
| | 気温　　　℃ | |

電気記念日

| 3 月 26 日㊋ | 天気 | 行事 |
| | 気温　　　℃ | |

啓蟄 (けいちつ)

啓蟄は暦の上の24節気の一つで、春の一節。冬の間は地中で冬眠していた地虫たちが、眠りから醒めて穴から出てくる。早い春の環境と、同時に穴を出てきた地虫たちそのものを指す語としても使われる。

やわらいだ土のとびらを虫ひらく　佐藤　菊代

啓蟄やようこそ地上のおまつりに　木暮　健一

　暦の目的の一つに、季節の移り変わりを正しく知らせることがある。太陰暦では閏月がはさまって大幅に節気が動くことから、太陽黄経を

物差しにして、啓蟄は太陽黄経345度の日で太陽暦の3月6日頃にあたる。

啓蟄に目敏い猫が庭を駆け　　　　北出　北朗

　穴から出てきた虫を見つけた機敏な猫。

啓蟄のその日喰われる虫もある　　小嶋　句月

　不運な虫もいる。猫の腹におさまったのかもしれない。暦の上での啓蟄と実際の啓蟄とでは、地方により、気候により多少異なるのもやむを得ない。朝方の気温がだいたい5℃以上になると虫が出てくるとされ、九州、四国などでは3月、

| 3 月27日㊌ | 天気 | 行事 |
| | 気温 ℃ | |

さくらの日

| 3 月28日㊍ | 天気 | 行事 |
| | 気温 ℃ | |

甲子、下弦の月

東北、北海道では4月から5月にかけての時期といわれる。

やっときた春へ土竜も目を擦る　　池田　たき
啓蟄を一歩土竜が出遅れる　　　　成田　孤舟

　啓蟄の頃になると冬眠から醒めて地中もあわただしくなる。

啓蟄の夫婦のぬくみ雪のぬくみ　　桑野　晶子

　北国はまだ雪に閉ざされているが、春を待つ心に2月の雪のような鋭角的な感じが消えて柔らかな温もりが感じられる。春の足音が聞こえだした。

啓蟄の誕生日なり虫に似る　　　　西尾　栞

　作者は、明治42年3月6日、大阪府富田林市出身。川柳塔社の理事長・主幹として活躍した。川柳のために、営々と汗する地味な生き方を「虫に似る」と謙遜したのだろうか。

啓蟄のきょうから回る水車　　　　奥田　白虎

（NHK学園川柳講師　橋爪まさのり）

| 3 月29日㊎ | 天気 | 行事 |
| | 気温　　　　℃ | |

作業服の日

| 3 月30日㊏ | 天気 | 行事 |
| | 気温　　　　℃ | |

旧国立競技場落成記念日

いつの時代も訪れる人を温かく　小浜温泉名物「小浜ちゃんぽん」

　小浜温泉は、100度を超える温度と豊富な湯量を誇り、疲労回復に効果があるため、近隣地域の農作業の疲れを癒す庶民的な湯治場として親しまれてきました。また、日本で最初の国立公園雲仙への登り口に位置し、明治時代には対岸の長崎市茂木港からの海の玄関口として、雲仙へ向かう多くの外国人避暑客らをお迎えしてきました。

　小浜温泉にどうやって「小浜ちゃんぽん」が伝わったのでしょうか。それは、この長崎から

の海路があったことに深い関係があります。避暑客で賑わう雲仙温泉には「長崎ちゃんぽん」発祥の店「四海楼」の支店があり、長崎・雲仙温泉間の往来の途中、その技術が小浜温泉に伝わったといわれています。

　では、そもそも「ちゃんぽん」とは何かというと、長崎に住む中国人留学生のために「四海楼」の初代がありあわせの具材を最大限活かして作った麺の創作料理のことです。島原半島はそうめんの産地なので、麺の調達は容易だった

3 月 31 日 ⊖	天気		行事
	気温 ℃		

教育基本法・学校教育法公布記念日、年度末

雑学スクール

★ホームページとウェブサイトの違い

ウェブサイトの「ウェブ」とは英語で「くもの巣」という意味です。私達が見ているインターネットは、ハイパーテキストという文書で構成されており、全てのハイパーテキストが大規模につながっていて、これがくもの巣のように見えるので「ウェブ」と呼ばれています。

そしてサイトとは英語で「場所、敷地」という意味があります。二つの言葉をつなげると「インターネットの場所」という意味になり、つまりインターネットで目にするページ全体を指しています。

「ホームページ」は、もともと、Webブラウザを起動したときに最初に表示されるページのことでした。ホームページには、Google やMSNなどをトップページに設定している人も多いと思いますが、Webサイトのトップページをホームページに設定する人が多かったため、トップページを「ホームページ」と呼ぶようになりました。

でしょう。小浜温泉の目の前で獲れる小エビやイカ等の海産物、また、雲仙の大地の恵みの玉ねぎ、キャベツを使って調理したちゃんぽんは、大変美味しかったため、小浜温泉を訪れるお客様向けに提供されはじめたと想像します。100年を経てあっさり味に進化した「ちゃんぽん」。今では、生卵を載せたり、お寿司とセットで食べたり、ついには小浜温泉の名を冠して「小浜ちゃんぽん」と呼ばれる郷土食になりました。

長崎からの位置関係、海と山の恵み。100年前に長崎から海を越えて伝わった麺料理は、歴史と風土、そして人々の思いまでも「ちゃんぽん」にしています。

【連絡先】
雲仙市吾妻町牛口名714
TEL0957-38-3111
（雲仙市 観光物産課 林田 真明）

欧米、アジアと比べてみると　★都市の緑地率

　だれしも生活環境のなかに「緑空間」が必要だと思っているでしょう。それはある意味人間の本質的欲求なのかもしれません。しかし、現実の世界、特に都市部をみてみると、決して十分な緑地が身近にあるわけではありません。東京の1人あたりの緑地面積は11㎡、大阪はわずか5㎡に過ぎません。現実と理想は大きくかけ離れているといえるでしょう。それでは、欧米、アジアの主要都市の1人あたりの緑地面積はどうなっているのでしょうか?

　緑地面積の大きい順にみてみると、
①ヨハネスブルク（南アフリカ共和国）：230㎡
②香港（中国）：105㎡
③ストックホルム（スウェーデン）：80㎡
④シンガポール（シンガポール）：66㎡
⑤リオデジャネイロ（ブラジル）：58㎡
⑥ワシントンDC（アメリカ）：52㎡
⑦台北（台湾）：50㎡
⑧クアラルンプール（マレーシア）：44㎡
⑨ナイロビ（ケニア）：37㎡

⑩ニューヨーク（アメリカ）：29㎡
　といったところです。

　相対的にみて、東京、大阪の緑地は少ないといえるでしょう。しかしながら、セントラルパークを擁するニューヨークは、東京の3倍以下の緑地しかない、と考えると、意外と健闘しているという評価もできます。

　世界的にみて人口密度の高い日本、その最たる首都・東京にこれだけの緑が確保されているのは、武家屋敷などのあとが公園として保存され、整備されてきたこと、また、江戸時代からといわれる、生活のなかに植物を取り入れてそれを愛でることに長けている日本人の性質、によるものかも知れません。

　そして驚きなのが、香港、シンガポール、台北は想像以上に緑が多いということです。やはりアジア人にとって「緑」は特別な存在なのでしょう。

欧米と比べてみると　★国立公園や自然保護地区について

　国土の広い国は、それだけ自国の中に国立公園のスペースを確保している。西ヨーロッパ諸国やアメリカ、カナダ、オーストラリア、日本等を比べてみると、そのような傾向があります。

　アメリカでは、全国土の18分の1が国立公園と自然保護地区に指定されていて、これはフランス全土に匹敵する面積になります。カナダはアメリカのその半分、オーストラリアは約4分の1をレクレーション公園に充てています。

　国立公園の数は、アメリカが252、カナダが70に対して、わが日本は37（面積は2万3,000km²）と、数のうえでは健闘しています。西ヨーロッパでは国土の広いノルウェーが15、スウェーデンが26ありますが、フランスは10、オーストリアは4、デンマーク、ベルギー、アイルランド、スイスに至っては1つしかありません。少なさに驚かされます。

　イタリアは5つありますが、どれも面積は狭いです。旧西ドイツと英国は国土と人口にがほぼ同じなのですが、旧西ドイツは英国の4倍もの保養地域を確保しています。

　次に、国立公園の面積を人口で割り、1平方マイル当たりの人口を比較してみます。カナダが260人に対して、ベルギーは70万人で実に約2,500倍違います。日本は1万2,200人、アメリカは1,000人です。

　このように見てみると、大国のアメリカやカナダは恵まれた国土と自然環境から、想像通り広い面積、数を確保していますが、西ヨーロッパ国はまちまちで、数に関しては日本に比べて少ない気がします。逆説的にいうと、日本の国土は自然に恵まれていて地域の特殊性も強く、そこから環境や生物の多様性が生まれているといえるでしょう。

－ 64 －

4月 April

うなごうじ祭り（若葉祭）
（愛知県豊川市牛久保町）

●節気・行事●

清　　　明　　5日
花 ま つ り　　8日
土　　　用　17日
穀　　　雨　20日
昭 和 の 日　29日

●月　　相●

○満　　　月　19日
●新　　　月　　5日

4月の花き・園芸作業等

花　　き

　ペチュニア、キンギョソウ、マリーゴールド、ジニアなど春播き二年草の播種。カモマイル・ポリジなどのハーブ類の播種。キク、リンドウなど宿根草の挿し木。観葉植物の株分けと鉢替え。芝の植付けと追肥。ツバキなど常緑樹の接木。ユキヤナギなど春咲き花木の花後の剪定。

野　　菜

　セルリ、パセリの冷床播種。春まき結球ハクサイ、早生ダイコン、ニンジン、ゴボウ、トウモロコシ、スイカ、インゲン、ササゲ、シュンギク、ホウレンソウ、葉ネギの播種。キュウリ、カボチャ、ナス、トマト、キャベツ、フジマメの移植。春まきキャベツの露地床移植。インゲン、トウガンの定植。春まきダイコン、菜類の追肥。ソラマメ、カボチャの摘芯。春まき菜類、軟化野菜類の収穫。

果　　樹

　リンゴの元肥施用。ブドウ、モモの摘芽。ビワの摘果。リンゴ、ミカン類、クリの接ぎ木。ビワ、ミカン類、リンゴの定植。モモ、ナシ、スモモの受粉媒助。ナシ、ブドウ、カキの病害虫防除。果樹園の除草。

4月 暦と行事予定表

	節 気 ・ 行 事	予 定
1 (月)	新学年、新財政年度、エイプリルフール	
2 (火)	週刊誌の日、CO₂削減の日、己巳	
3 (水)		
4 (木)	あんぱんの日	
5 (金)	清明、新月	
6 (土)	春の全国交通安全運動（15日まで）	
7 (日)	世界保健デー	
8 (月)	花まつり、灌仏会	
9 (火)	食と野菜ソムリエの日	
10 (水)	女性の日、教科書の日	
11 (木)	メートル法公布記念日	
12 (金)	世界宇宙旅行の日	
13 (土)	科学技術週間、上弦の月	
14 (日)	椅子の日	
15 (月)	ヘリコプターの日、みどりの月間（5月14日まで）	
16 (火)		
17 (水)	土用、なすびの日	
18 (木)	科学技術週間、発明の日	
19 (金)	地図の日、満月	
20 (土)	穀雨、郵便週間、郵政記念日	
21 (日)	放送広告の日	
22 (月)	アースデー	
23 (火)	サンジョルディの日、世界本の日	
24 (水)		
25 (木)		
26 (金)		
27 (土)	国際盲導犬の日、下弦の月	
28 (日)	サンフランシスコ講和条約発効日、庭の日	
29 (月)	●昭和の日、畳の日	
30 (火)	●退位の日、図書館記念日	

肥料の選び方

4月の野菜づくり

　元肥は種まき前や植えつけ前のときに土に混ぜる肥料、追肥は生育途中で施す肥料ですが、それぞれに適した肥料を上手に選んで効果的に施しましょう。

◆速効性と緩効性肥料

　普通化成肥料は速効性があり、生育期間の短い野菜に向いています。高度化成肥料の多くは緩効性で、水によく溶ける肥料と根や微生物の働きにより吸収できる形の肥料が混合されているので、生育期間の長い野菜に適しています。

◆3要素の使い分け

　リン酸は雨で流されにくく、チッ素とカリは流されやすいので、リン酸は元肥で施用し、チッ素とカリは全量の1／2か1／3を元肥に、残りは1～2回に分けて、追肥とします。

◆過剰使用に注意

　化学肥料は肥料の成分量が多く、すぐに溶けだすので、少量で速やかに効果があります。そのため過剰に施しがちとなり、根を傷めて肥やけを起こすことがありますので注意してください。

◆元肥主義

　有機質肥料は微生物に分解されてから、野菜に吸収されるで、肥料の効き目はゆっくりです。また、大量に与えるとアンモニアガスが発生し、発芽障害や根傷みを起こしやすいため、植えつけ2～3週間前に施用して土によく混ぜ込んでおきます。

◆有機質肥料を組み合わせる

　3要素がバランスのよい有機質肥料がないため、それぞれの特徴を生かして混合します。たとえば、チッ素の多い油かすと、リン酸の多い骨粉、カリの多い草木灰を混合します（油かす3：骨粉1：草木灰2＝チッ素3.5％：リン酸5％：カリ3％）。

（神奈川県種苗協同組合　成松　次郎）

ルール不在の第1回アテネ大会は大混乱

オリンピックこぼれ話

　近代オリンピックは、フランス貴族で教育者だったクーベルタン男爵の提唱で、1896年春、第1回大会がギリシャのアテネで行なわれました。当時のギリシャは内政が不安定で財政悪化などの問題も抱えていましたが、国王ゲオルギウスの熱心な指導で海外からの寄付を集め、ようやく開幕に漕ぎつけました。

　ただ、当時は国際競技団体も統一ルールも無い時代で、世界のスポーツ界はほとんど組織化されていませんでした。もちろん統一された競技規則もなく、オリンピックのために急ごしらえしたルールで間に合わせたのですから、競技場は大混乱の連続でした。参加選手も国の代表ではなく、大学やクラブ有志が個人で参加したもので、さらに大多数の人は自費参加だったというのですから驚きです。

　そんな中、最も観客の人気を集めたのは、世界で初めて開催された「マラソン」競技でした。古代ギリシャとペルシアの戦争でギリシャが勝利した時、伝令がアテネまでの40kmを走り抜いてから息絶えたという、故事にちなんだマラソン競技ですが、実際にこのような超長距離走が行われるのは世界初のこと。大会最終日に行なわれたレースには25人が出場して健脚を競いました。その結果、ギリシャの羊飼いスピリドン・ルイスが2時間58分50秒でゴールして優勝。

　興奮のあまり観客席にいたコンスタンチヌス皇太子は、ゴールまでルイスと一緒に走ったということですが、今なら罰則ものでしょう。この時のコース距離は36km余りで、今のように42.195ｋｍに定められたのは第8回のパリ大会からです。

　ちなみに、第一回大会では1位の選手に銀メダル、2位には銅メダル、競技に出場した全員に「参加賞」としてブロンズ（青銅）のメダルが授与されたそうです。

4 月 1 日㊊	天気		行事	
	気温	℃		

新学年、新財政年度、エイプリルフール

4 月 2 日㊋	天気		行事	
	気温	℃		

週刊誌の日、CO_2削減の日、己巳

肉質日本一！ 鳥取和牛　〜受け継がれる血統と品質〜

　鳥取県西部に位置する中国地方最高峰「大山（だいせん）」では、江戸時代に日本三大牛馬市の一つとして、大規模な市場が開かれるなど、鳥取県は古くから和牛の産地として知られています。

　また、大正時代には日本初となる和牛の登録事業（牛の戸籍管理）に取り組むなど、日本の和牛改良の基礎を築いてきました。

　「鳥取和牛」は、鳥取県内で肥育された黒毛和種で、口溶けの良さに関係している「オレイ

ン酸」を豊富に含むため、脂が上質でとろけるような舌ざわりが特徴です。

　その中でも、オレイン酸を55％以上含み「気高（けたか）号」の血統を継ぐものを「鳥取和牛オレイン55」としてブランド化しています。

　「気高号」とは、昭和41年に開催された全国の和牛を集め優秀性を競う「第1回全国和牛能力共進会（全共）」において 肉牛の部・産肉能力区で1等賞の栄冠に輝いた雄牛で、発育・資質ともに良好、かつ大柄で産肉能力に優れたた

4 月 3 日㊌	天気		行事
	気温	℃	

4 月 4 日㊍	天気		行事
	気温	℃	

あんぱんの日

め、生涯9,000頭以上の子孫を残し、現在の有名ブランド牛の始祖として名を残しています。

そして、平成29年9月に史上最多513頭の参加により開催された「第11回全共宮城大会」では、「気高号」の血統を引き継いだ「鳥取和牛」が第7区（総合評価群）の肉牛群で第1位の評価を受けました。

畜産関係者からの注目が高く、出品条件の厳しさから「花の7区」と呼ばれる第7区の肉牛群で「鳥取和牛」が日本一を獲得したことは、

業界を驚かせ、江戸時代から受け継がれる「鳥取和牛」の血統と品質が、全国有数のブランド牛としての評価を高めています。

（鳥取県　食のみやこ推進課　山川　渉）

4 月 5 日㊎	天気	行事
	気温　　　　℃	

清明、新月

---

4 月 6 日㊏	天気	行事
	気温　　　　℃	

春の全国交通安全運動（15日まで）

たんぽぽ

たんぽぽの知るや己れの美しさ　阿部　九七七

　野原一面をたんぽぽが黄に染めた様子は、まさに壮観の一語に尽きる。たんぽぽというと黄色と思いがちだが、地域によって白色や淡黄色もある。

タンポポの道で少女はマリになる　松岡　葉路
たんぽぽの絵には昔の唄がある　北浦　牧郎

　たんぽぽはメルヘンの世界へ連れていってくれる。たんぽぽを編んで冠を作ったり、首輪を作った日のことを思い出す。

　たんぽぽは、蕾の形が楽器の鼓に似ていることから「つづみ草」と呼ばれた。鼓の音を昔の人はタンポン、タンポンと聞いたことから、小児語のタンポポが語源になったという。

親離れ子離れタンポポ吹いてみる　西來　みわ
タンポポに乗ってあなたと夢旅行　園田　蓬春

　歌人・西行が、津の国の山奥で「鼓の滝」を見た。傍にひともとの花が滝のしぶきに濡れながら咲いていた。可憐な風情に感じ入って“津の国の鼓の滝を来て見れば岸辺に咲けるタンポ

4 月 7 日 ㊐	天気		行事
	気温　　　℃		

世界保健デー

4 月 8 日 ㊊	天気		行事
	気温　　　℃		

花まつり、灌仏会

ポの花"と詠んだ。その時、山林の間から出てきた草刈りの少年が、上の句はまずいと言って"津の国の鼓の滝を打ち見れば"と訂正した。「打ち」は鼓の縁語であり、たんぽぽの語源を知っていれば面白さも倍加する和歌といえよう。
子は産まな産まなと責める毛たんぽぽ　椣田　礼文
　一本のたんぽぽから飛びたつ種子はどれほどあるだろうか。たんぽぽは多産系である。子を願いながらも生まれない身には、たんぽぽは羨しくもあり、憎らしくもある。

未知の国ふわりたんぽぽ着地する　西ノ坊典子
たんぽぽも芝生に咲くと引き抜かれ　渡邊　蓮夫
　着地したところが芝生とは失敗だったが、抜いて捨てられたら、そこでまた根付いて花を咲かせよう。生命力は強いのだから。
たんぽぽのように楽天家になろう　井上せい子

（NHK学園川柳講師　橋爪まさのり）

4 月 9 日 ㊋	天気		行事	
	気温	℃		

食と野菜ソムリエの日

4 月 10 日 ㊌	天気		行事	
	気温	℃		

女性の日、教科書の日

大阪みつば　～野菜界が誇る名役者「大阪みつば」～

「大阪みつば」は、年間約660トンの生産があり、都道府県別では全国7位を誇っています。府内南部に位置する貝塚市が最大の産地です。

貝塚市では、昭和51年頃から水耕栽培が広まったのをきっかけに、盛んにみつばが栽培されるようになりました。現在、JA大阪泉州みつば生産出荷部会の18戸の農業者が年間350トン（約500万束）以上のみつばを出荷しています。

大阪みつばは、土を使わず、環境制御された専用の水耕栽培施設で栽培されており、天候に左右されず、周年出荷することができます。特に旬である3月から4月は、茎が柔らかく、みずみずしくて美味しい時期です。

また、同部会では、全国でもめずらしく、部会員全員が化学農薬、化学肥料の使用を減らしたエコ栽培に取り組み、「大阪エコ農産物」の認証を得て全量が出荷されています。

みつばといえば、ひな祭りのお吸い物や茶碗蒸し、土用の丑のうなぎの「肝吸い」の具に、親子丼のトッピングにしたりと、控えめな存在

4 月 11 日㊍	天気	行事	
	気温　　　　℃		

メートル法公布記念日

4 月 12 日㊎	天気	行事	
	気温　　　　℃		

世界宇宙旅行の日

でありながら、様々な料理になくてはならない野菜界の名役者です。ほかにも、みつばをおむすびの具にするなど、農家ならではの食べ方もあり、おむすび専門店への提案で「貝塚みつばおむすび」が商品化されています。

　多くの料理に独特の味と彩りを与える「大阪みつば」をぜひご賞味ください。

　また、みつばは、独特のさわやかな香りで夏バテ対策や猛暑でイライラした気分を穏やかにさせる働きがあります。日頃から大阪みつばを

召し上がってみてはいかがでしょうか。

（大阪府　環境農林水産部　流通対策室
舟橋　大貴）

4 月 13 日㊏	天気		行事
	気温	℃	

科学技術週間、上弦の月

4 月 14 日㊐	天気		行事
	気温	℃	

椅子の日

花見　奈良は梅、平安朝以降は桜が花見の中心に

　年中行事といえば、5月5日の端午の節句や7月7日の七夕、9月9日のなど、月と日にちが重なる日が多いようです。これは節句といい、中国の陰陽五行説という思想からきたものですが、古来、日本の暦に強い影響を与えた陰陽五行説の影響をほとんど受けず、それでいておおいに盛り上がっている行事といえば、花見ではないでしょうか。

　今なお廃れる気配さえ見えない花見の行事は、奈良時代に行われていた貴族のそれが起源

だと言われています。この時代の花見と言えば、中国より伝来したばかりの梅の鑑賞が主流でした。

　これが逆転、桜が主流となったのは平安時代。貴族達はこぞって桜の花の下に集い、その美しさを詩歌にして称えました。梅から桜への変化は歌にも現れており、7～8世紀後半に編まれた『万葉集』には梅を読んだ歌が110首、桜を読んだものが43首であったのに、10世紀初期の『古今和歌集』では、梅が18首、桜が70首と逆転し

| 4 月 15 日 ㊊ | 天気 | 行事 |
| | 気温　　　　℃ | |

ヘリコプターの日、みどりの月間（5月14日まで）

| 4 月 16 日 ㊋ | 天気 | 行事 |
| | 気温　　　　℃ | |

ています。
　日本人は桜の花を愛でつつの祝宴がよほど好きだったと見え、鎌倉末期には『徒然草』の中で兼好法師は、〝身分ある人の花見とそうでない人の花見の違い〟を皮肉たっぷりに書いていますし、慶長3（1598）年に豊臣秀吉が行った花見の豪華さは、『醍醐花見図屏風』となって今に伝えられています。
　一般庶民にも花見の習慣が広がったのは江戸時代と言われ、桜の改良も盛んになりました。

桜の代名詞とも成っている『ソメイヨシノ』も、江戸末期から明治初期にかけて、現在の駒込にあった染井村で誕生しています。

（千羽 ひとみ）

| 4 月 17 日㈬ | 天気 | 行事 |
| 気温　　　℃ | | |

土用、なすびの日

| 4 月 18 日㈭ | 天気 | 行事 |
| 気温　　　℃ | | |

科学技術週間、発明の日

海の妖精　〜ホタルイカ〜　新鮮な春の味をお召し上がりください

　日本海に春の到来を告げるホタルイカをご紹介します。ホタルイカは、胴の長さが6〜7cmと小型のイカで、刺激を受けると幻想的な青白い美しい光を発するため、海の妖精とも言われています。ホタルイカといえば富山湾が有名ですが、実は、兵庫県が日本一の水揚げを誇ります（平成28年）。漁は1月後半から始まり5月頃まで続きます。

　旬のホタルイカ、茹でたてのものは、外はプリッ、中はトロッとした旨味が格別です。噛み

しめるとほのかな甘味が口中に広がり、たまらない美味しさです。

　選び方のポイントですが、生の場合は、身に透明感があり、目が澄んでいるものが新鮮です。鮮度が低下すると白く濁ってきます。ボイルしてある場合は、身が丸々と太ってはち切れそうなものを選びましょう。

　浜坂漁業協同組合（美方郡新温泉町）では、茹でたての美味しさを味わってもらいたいと、獲れたての生のホタルイカを「浜ほたる」とし

4 月19日㊎	天気	行事	
	気温　　　℃		

地図の日、満月

4 月20日㊏	天気	行事	
	気温　　　℃		

穀雨、郵便週間、郵政記念日

て販売しています。ボイルでの流通が主流であるホタルイカを、水揚げ後、船上ですぐに専用ナイロンチューブに袋詰めし、新鮮な生の状態で出荷します。この「浜ほたる」は、兵庫県認証食品（ひょうご推奨ブランド）に認証されています。

　ホタルイカには、ビタミンAとEが比較的多く含まれている上、EPAやDHAも含まれています。EPAは血液をサラサラにして血中コレステロールを下げる働きがあり、DHAは脳

を活性化する働きがあります。

　ボイルして、ポン酢や酢味噌で和えて食べるのが定番ですが、他にも炒め物や揚げ物など、どんな調理法とも相性がよいのがホタルイカの特徴です。ぜひ色々なお料理で、春の味覚を楽しんでください。

（ひょうごの美味し風土拡大協議会

秋月　麻美）

4 月21日㊐	天気		行事	
	気温	℃		

放送広告の日

4 月22日㊊	天気		行事	
	気温	℃		

アースデー

消費者の「赤身牛肉嗜好」について

　わが国の国産牛肉の代表格といえばやはり黒毛和種で、その美しい脂肪交雑（霜降り、サシ）と、これがもたらす口溶けや甘い香りなどが特徴的で、日本人の好みに合致していると考えられています。一方、最近では、「赤身肉」というキーワードを多く見かけるようになってきました。一般消費者の中にも「赤身牛肉嗜好」があるという主張もマスコミ報道などで見られます。しかし、実際に日本人消費者が「赤身牛肉」をどのように好むかについては十分に調べられ

ていません。

　ここでは、代表的な国産「赤身型」牛肉である乳用種牛肉をモデルとして、日本人消費者の「赤身牛肉嗜好」を考えてみます。「和牛肉」、「赤身型」である乳用種牛肉、および同じ「赤身型」である輸入牛肉を用いた消費者嗜好調査の結果は、最も好まれるものが和牛肉、ついで乳用種牛肉、輸入牛肉の順でした。

　この結果だけを見ると、やはり日本人消費者は脂肪交雑の高い和牛肉を好んでいるように思

4 月23日㊋	天気		行事
	気温	℃	

サンジョルディの日、世界本の日

4 月24日㊌	天気		行事
	気温	℃	

えます。ところが、これらの消費者を「牛肉の好みのパターン」により分類すると、全体の2割弱を占める「乳用種牛肉を特に好む消費者群」が存在することが明らかにされています。このように、日本人消費者の好みを詳しく見ていくと、確かに「赤身型」の国産牛肉を好む消費者が存在しているのです。

実際には、私たちはいつでも同じような牛肉を食べたいと思うわけではなく、一人一人の消費者の中でも好みの「使い分け」をしていると考えられます。このような消費者の好みの個人差や、個人の中での好みの「使い分け」に対応していくことで、乳用種牛肉などの国産赤身型牛肉にも大きな普及のチャンスがあると考えられます。

（農研機構　畜産研究部門

佐々木　啓介）

4 月25日㊍	天気		行事
	気温	℃	

4 月26日㊎	天気		行事
	気温	℃	

佐賀関くろめ藻なか味噌汁　おんせん県大分味力おもてなし商品

「佐賀関くろめ藻なか味噌汁」は、大分県が主催する平成27年度「おんせん県おおいた味力おもてなし商品」で最優秀賞を受賞しました。佐賀関加工グループ（都紀三子代表）が、地元の海産物を使って加工したインスタント食品「藻なか」シリーズの一つで、佐賀関漁協なども協力しています。地域特産のくろめを刻み天日で乾燥させ、丸くて可愛い最中にくるんだもので、お湯を注ぐだけで郷土食が味わえる手軽さが受け、地域の人々はもちろんのこと、大分空港の売店などでヒット商品に成長しました。

【くろめ藻なか味噌汁の作り方】
①お椀に、付属の味噌とくろめ藻なかを入れて熱湯を注ぎます。
②最中が開いて、中から乾燥くろめと本枯かつお節が出てきます。
③よく混ぜて、くろめのトロミが出てきたら美味しく召し上がれます。

4 月27日㊏	天気		行事	
	気温	℃		

国際盲導犬の日、下弦の月

4 月28日㊐	天気		行事	
	気温	℃		

サンフランシスコ講和条約発効日、庭の日

　くろめは、大分市佐賀関・高島周辺の潮の流れが速い浅瀬で採れる海藻です。アワビやサザエの餌にもなるため、収獲量や漁期が決まっており、許可された人だけが採ることのできる、郷土の大切な冬の味覚です。刻んだくろめにお湯をかけ、三杯酢を合わせると「くろめの酢の物」。温めた調味料（だし汁と合わせしょうゆ、砂糖）にくろめを入れ、混ぜて粘りを出すと「くろめのしょうゆ漬け」の出来あがり。好みで、いりゴマや削り節を加えても良く、熱いご飯にのせて、包むようにして食べると絶品です。

（大分農林統計ＯＢ会　事務局長
立石　昭道）

4 月29日㊊	天気	行事	
	気温　　　℃		

◉昭和の日　　　　　　　　　　　　　　　　　　　　　　　　　　　　　　　　　　畳の日

4 月30日㊋	天気	行事	
	気温　　　℃		

◉退位の日　　　　　　　　　　　　　　　　　　　　　　　　　　　　　　　　　図書館記念日

★卵の規格はいくつあるのか？

　昔から値段があまり変わらず、物価の優等生といわれているのが「卵」です。戦後すぐの時代には、それこそ、「病気になったり、風邪をひかないと食べさせてもらえなかった」と親の世代から聞かされました。安くて便利で、いまや毎日の食卓に欠かせない卵ですが、いくつの規格に分かれているか知っていますか？

　正解は6段階で、小さい規格からSS：40g〜46g未満、S：46g〜52g未満、MS：52g〜58g未満、M：58g〜64g未満、L：64g〜70g未満、LL：70g〜76g未満となっています。

　サイズが大きくなるほど増量しますが、実は黄身の大きさはほとんど変わりません。つまり白身部分が増えるのです。S規格の卵はスーパーなどでは敬遠されてあまり店頭に並びませんが、小さい卵は若鶏が産むので活力があり、鮮度が落ちにくいといった特徴があり、飲食店などに卸されます。

参考資料：macaroni

大凧合戦
(愛媛県五十崎町)

●節気・行事●

メーデー	1日
八十八夜	2日
憲法記念日	3日
みどりの日	4日
こどもの日	5日
端午の節句	5日
立　夏	6日
母の日	12日
小　満	21日

●月　　相●

○満　月	19日
●新　月	5日

5月の花き・園芸作業等

花　き

　アサガオ、サルビア、マツバボタン、ホウセンカなど熱帯産春播き一年草の播種。オダマキ、ナデシコ、キキョウなど宿根草の播種。洋蘭類の株分けと鉢替え。東洋蘭の株分けと鉢替え。観葉植物の株分け、挿し木、鉢替え。ツツジ、シャクナゲの花後の剪定。マツのみどり摘み。

野　菜

　ミツバの直まき。露地キュウリ、パセリ、セロリの移植。豆類の支柱立て。ゴボウの間引き。ジャガイモの土寄せ。果菜類の摘芯、摘芽。果菜類の病害虫防除。早熟栽培のキュウリ、トマト、ナスの収穫。

果　樹

　リンゴの人工受粉。リンゴ、モモ、ナシの摘果。ブドウの摘芽、摘梢。リンゴ、ナシの袋かけ。ブドウの誘引。リンゴ、モモの病害虫防除。草生園の草刈り。

5月 暦と行事予定表

		節 気・行 事	予　　定
1	(水)	◉即位の日、メーデー、日本赤十字社創立記念日	
2	(木)	八十八夜、緑茶の日	
3	(金)	◉憲法記念日	
4	(土)	◉みどりの日、しらすの日	
5	(日)	◉こどもの日、端午の節句、レゴの日、新月	
6	(月)	振替休日、立夏、コロッケの日	
7	(火)	コナモンの日	
8	(水)	世界赤十字デー	
9	(木)	アイスクリームの日	
10	(金)	愛鳥週間、地質の日	
11	(土)		
12	(日)	母の日、看護の日、上弦の月	
13	(月)		
14	(火)	種痘記念日、合板の日	
15	(水)	沖縄本土復帰記念日	
16	(木)	旅の日	
17	(金)	世界電気通信記念日、高血圧の日	
18	(土)	国際親善デー	
19	(日)	ボクシング記念日、満月	
20	(月)	ローマ字の日	
21	(火)	小満	
22	(水)		
23	(木)	kissデー、庚申	
24	(金)	伊達巻の日	
25	(土)		
26	(日)		
27	(月)	小松菜の日、甲子、下弦の月	
28	(火)	ゴルフ記念日	
29	(水)	こんにゃくの日	
30	(木)	ゴミゼロの日、消費者の日	
31	(金)	世界禁煙デー	

果菜類の整枝

5月の野菜づくり

野菜は成長に伴い、特性に応じた整枝作業があります。

【支柱立て】

支柱を立てて誘引すると次のような利点があります。

①収穫が簡単になる、②病気や害虫の発生が少なく、防除も楽になる、③収量が多くなる、④狭い菜園では土地を立体的に利用することができる、などです。

支柱の立て方には合掌式と直立式があります。合掌式では、2条植えにした野菜の支柱を斜めに交差させて合掌をつくり、交差点に横棒を渡して強度をもたせます。実の重みと風に対して強いが、交差する部分の茎葉が込み合ってきます。

1条植えでは、支柱を直立に立てます。条間が広いので、日当たりと通気が優れています。

ナス、ピーマンの標準的な3本仕立てでは、2本の支柱を斜めに立て一番花の近くで交差させます。

【誘　引】

果菜類の誘引は茎が太くなることを考慮し、まずひもを支柱にきっちり結び、茎の方はゆとりを持たせて8の字に結びます。巻きひげの出るキュウリ、ゴーヤーなどには、支柱にネットを張ると、つるが絡まり固定されるので、実の風ずれを防ぐことができます。ナスでは強風対策にネット利用が風ずれ防止に効果的です。

【摘心・わき芽かき】

茎の先端を摘み取ることを摘心、葉と葉腋から出るわき芽（側枝）を摘み取ることをわき芽かきといいます。芽かきは日当たりや風通しを改善し、生育を調整して果実を肥大させる効果があります。スイカ、メロン、ゴーヤーの摘心は雌花の着果を早めます。

（神奈川県種苗協同組合　成松　次郎）

意外にも評価の高いベルリン大会

オリンピックこぼれ話

1936年、ナチスドイツの統治下で開催されたベルリン大会は、ボイコットする国が続出し、まるで五輪史の汚点のように言われることが多いのですが、今考えると評価すべき点もたくさんあると、再評価されています。

まず、オリンピックに伴ってインフラ整備を行った最初の例が、このベルリン大会。

たとえば国威発揚のために大規模な競技場を建設したり、初めてテレビ放送実験を行い、通信インフラ整備を試みたのもベルリン大会が初めてとされています。

ただ、ヒトラーは当初オリンピックを「ユダヤ人の祭典」であるとして認めていなかったのですが、側近から「大きなプロパガンダ効果が期待できる」との説得を受けて、開催を決めたということです。

開会式ではプロパガンダの一環として、第1回マラソン優勝者のスピリドン・ルイスが招待されたりもしています。

こうして開催を決めた後は、オリンピックを「アーリア民族の優秀性とドイツの権威を世界に見せつけるチャンス」と位置づけて、国の総力を挙げて開催準備を推進。

短期間で選手村、空港や道路、鉄道やホテルを整備し、世界初のテレビ中継も試みて、画期的なプロデュースをします。

また、国際電話取材や飛行機によるフィルム送付、実験的ながら画像電送機（ファクシミリ）が登場するなど、報道にも画期的なアイデアが取り込まれました。

この大会から聖火リレーが実施され、ショー的な要素が充実したのも見逃せません。そして、49の国と地域が参加した大会で特筆すべきは、日本からは前畑秀子をはじめ9人の金メダリストが出たこと。

日本が世界の檜舞台に躍り出た記念すべき大会でもあるのです。

5 月 1 日㈬	天気		行事	
	気温	℃		

📺●即位の日　　　　　　　　　　　　　　　　　　　　　　　　　　メーデー、日本赤十字社創立記念日

5 月 2 日㈭	天気		行事	
	気温	℃		

　　　　　　　　　　　　　　　　　　　　　　　　　　　　　　　八十八夜、緑茶の日

端午の節句　女の子のための催しが変化

　端午の節句と言えば、5月5日の子どもの日。3月3日が女の子のお祝いの日とされるのに対し、この日は男の子の祝日とされています。この日を言祝ぐ品も鎧や兜など、勇ましいものばかりですが、当初は女性のための神事の日だったことをご存じでしょうか。

　もともとは中国の陰陽五行説の影響を受けた行事で、かの地ではこの日、蓬で人形を作って菖蒲を浸した酒を飲み、厄を祓う行事でした。日本には平安時代に入ってきましたが、これが

日本の風習と結びつきます。日本では、5月は皐月と言われます。これは月、つまりは稲の若苗を田に植える月のこと。この日には、田植えを行う女性たち（早乙女）が神社に出かけて穢れを祓い、ごちそうを頂いて、休養を取っていました。つまり5月5日は、もともとは女性のための日だったのです。

　これが男子のための行事へと一転するのは、鎌倉時代になってから。菖蒲は『勝負・尚武（武道を大切とすること）』に通じるとされました。

5 月 3 日㊎	天気	行事
	気温 ℃	

|◉憲法記念日

5 月 4 日㊏	天気	行事
	気温 ℃	

|◉みどりの日　　　　　　　　　　　　　　　　　　　　　　　　　しらすの日

さらに葉のかたちが刀に似ていることもあり、徐々に武家の男の子がたくましく育つよう願う行事の日となって、ついには男の子の祝いの日となったのです。

この日に欠かせない『こいのぼり』も、中国の故事から。黄河上流には龍門という急流があり、ここをさかのぼれた鯉は龍になることができました。いわゆる、『登竜門』のいわれです。5月晴れの下、悠々と泳ぐこいのぼりには、わが子が龍門をさかのぼれるほどたくましく育ち、立身出世してほしいとの親の願いが込められているのです。

（千羽 ひとみ）

5 月 5 日(日)	天気	行事
	気温　　　　℃	

◉こどもの日　　　　　　　　　　　　　　　　　　　　　　端午の節句、レゴの日、新月

5 月 6 日(月)	天気	行事
	気温　　　　℃	

振替休日　　　　　　　　　　　　　　　　　　　　　　　　　立夏、コロッケの日

「近江牛」〜日本最古のブランド牛〜

　滑らかな肉質、しつこさのない甘い脂、芳醇な風味を合わせ持つと評価される近江牛。近江牛は松坂牛、神戸牛とともに日本三大和牛の1つとされています。

　近江牛の起源は約400年前の江戸時代に遡ることができ、古い歴史を持ちます。当時の日本では幕府により牛肉を食べることが禁止されていましたが、現在の滋賀県にあった彦根藩では、将軍家へ「反本丸（へんぽんがん）」という養生薬として牛肉の味噌漬けを献上するなど、全国で唯一、牛肉の生産が許されていました。そのため、近江牛は日本の牛肉文化の原点といえます。

　また、昭和26年（1951年）には、地元の家畜商と東京の卸売業者らが、日本初の牛ブランド振興団体「近江肉牛協会」を設立しました。百貨店の屋上や国会議事堂などで生きた近江牛の展示やせり市など、次々と盛大な宣伝活動が行われ、近江牛の品質の高さが日本中に広まるきっかけとなりました。

5 月 7 日㊋	天気		行事
	気温	℃	

コナモンの日

5 月 8 日㊌	天気		行事
	気温	℃	

世界赤十字デー

　近江牛は、世界有数の古代湖「琵琶湖」を有する滋賀県で育てられています。豊かな水と水田に囲まれる自然環境の中で、地元で取れた稲わらをエサに使うなど、安全・安心を基本に地域と結びついた生産がされています。

　これら近江牛の品質、歴史や伝統、地域との結びつきが評価され、平成29年には農林水産省により地理的表示法（特定農林水産物などの名称の保護に関する法律）に基づく地理的表示（GI）に登録されました。

　近江牛は、滋賀県では正月などの家族が集まるときやお祝いごとのある日など、特別な日に食べられることも多い特別な牛肉です。すき焼き、焼き肉、ステーキ、しゃぶしゃぶ、いろいろな食べ方でご賞味下さい。

（滋賀県 農政水産部 食のブランド推進課
　　　　　　　　　　　　　北川　貴志）

5 月 9 日㈭	天気		行事
	気温	℃	

アイスクリームの日

5 月10日㈮	天気		行事
	気温	℃	

愛鳥週間、地質の日

粗飼料多給下において長期哺乳は子牛の発育を向上させる

　国内の肉用牛繁殖農家数はこの10年間で4割も減少しました。供給される肥育素牛の数が大幅に減少したため、肥育素牛価格は未曾有の高値となっており、肥育素牛の安定供給は畜産業界の喫緊の課題です。

　それを解消する手段として、周年親子放牧という技術が提案されています。周年親子放牧は牛舎を必要とせず、母牛だけでなく子牛も放牧するため省力的で収益性も高く、新規就農者や高齢者にとっても取り組みやすい技術とされて

います。

　この周年親子放牧では、子牛は出荷前まで離乳せず自然哺乳させます。しかし、子牛により多くのエサを食い込ませたいなどの理由で、現在の子牛の離乳は早期化しており、子牛の哺乳期間を延長することに対して不安の声は多く、周年親子放牧の普及を阻害する一因となっています。

　そこで、哺乳期間を約8ヵ月齢まで延長した時の子牛の発育について調査しました。調査は

5 月11日㊏	天気	行事
	気温　　　　℃	

5 月12日㊐	天気	行事
	気温　　　　℃	

母の日、看護の日、上弦の月

牛舎内で実施しましたが、放牧を想定して粗飼料を多給しました。その結果、粗飼料多給下で哺乳期間を延長すると子牛の発育は非常に良い、ということがわかりました。離乳とは、子牛にとって液状飼料から固形飼料への完全な切り替えを意味するため、その時期の決定にあたっては、子牛のルーメン（第1胃）が十分に発達し、機能していることが重要です。哺乳期間を延長することで、液状飼料から固形飼料へゆっくりと切り替わり、ルーメンの発達速度と適合している可能性が考えられました。また、母牛からの世話行動によりストレスレベルが低い可能性も考えられました。実際に周年親子放牧した場合の子牛の発育についても調査していきたいと考えています。

（農研機構　東北農業研究センター

東山　由美）

| 5 月13日㈪ | 天気 | 行事 |
| | 気温　　　　℃ | |

| 5 月14日㈫ | 天気 | 行事 |
| | 気温　　　　℃ | |

種痘記念日、合板の日

阿蘇のソウルフード！！「たかな漬け」

◇「阿蘇たかな漬け」は阿蘇地方で秋10月に種蒔きされ、そのまま冬を迎え、雪に埋もれ、まるで冬眠するかのように春を迎え、菜の花の咲く3月下旬に茎が伸びたところを1本1本手摘みで収穫される、阿蘇高菜（たかな）が原料です。

阿蘇高菜（たかな）は、アブラナ科の植物カラシナの一種で、中央アジアが原産地と言われ、インド・西アジアで香辛料として広まり、日本に持ちこまれたと言われています。熊本県阿蘇のカルデラ内でのみ栽培されている高菜です。

◇高冷地特有の気象条件と阿蘇山の火山灰の土壌条件で、高冷地独特の厳しい寒さ等の中で育つため、茎が細く、ピリっとした辛みのあるのが特徴です。

手折にされたその日に塩もみし、樽に漬け込み、2〜3日で食べられます。

阿蘇高菜（たかな）独特のシャキシャキ感と香りと辛みが特徴です。

βカロチンが豊富に含まれていて、活性酸素を抑え、動脈硬化や心筋梗塞を予防し、免疫機

5 月15日㊌	天気		行事	
	気温	℃		

沖縄本土復帰記念日

5 月16日㊍	天気		行事	
	気温	℃		

旅の日

能を向上させると言われています。

◇高菜漬けを油で炒め、ご飯と混ぜた「たかなめし」、お茶漬け、おにぎりの具、ピラフ、ラーメンの具等幅広く利用されています。
　皆さんも一度、熊本に出かけていただき、阿蘇の大自然の贈り物「阿蘇のたかな漬け」を是非ご賞味下さい。

（農林統計協会　熊本県連絡員

椎葉　和男）

5 月17日㊎	天気		行事	
	気温	℃		

世界電気通信記念日、高血圧の日

5 月18日㊏	天気		行事	
	気温	℃		

国際親善デー

農作物の花粉媒介からみた畑周辺の林野環境

様々な昆虫が植物の花粉を媒介することは、植物の花が実となるために欠かせません。当然、それには農作物も含まれます。

農作物の生産に貢献する昆虫の花粉媒介機能は一見目立たちませんが、私たちが多様な生物から恩恵をうけていることを示すよい例です。

例えば、日本人にとって馴染み深いソバ。白やピンクの花が茎の先端にたくさんつきますが、これらの花が実になるためには、雄しべから雌しべに花粉が運ばれることが必要です。ソ

バの花には、雌しべが雄しべよりも長いタイプと、雌しべが雄しべより短いタイプの二つの花タイプがありますが、同じタイプの花同士では、花は実になることができません。異なった花タイプ間の花粉のやり取りが必要です。それは、花に訪れる多様な昆虫が体に花粉を付着させ、花の間を行き来することによって行われています。

こうした昆虫は、程度の差こそあれ畑近くの森や草原が餌場所や巣場所となって生息してい

5 月19日㊐	天気		行事
	気温	℃	

ボクシング記念日、満月

5 月20日㊊	天気		行事
	気温	℃	

ローマ字の日

ます。そのため、森や草原に近い畑では昆虫が多く生息し、ソバは花粉をより効率よく運んでもらえることになります。

　これまで実際の栽培地で調査したところ、昆虫が花に訪れる数が増えるほど、ソバが受粉して実をつける効率が高いことが明らかとなりました。

　このように、畑のまわりの森の様子は、ソバの実がどれだけ採れるかに影響を与えています。農作物の栽培では、畑の内側の管理だけで

はなく、畑の外側の林野環境をどう管理するかといったことも大切であることを示しています。

（国研　森林総合研究所　滝　久智）

5 月21日㈫	天気	行事
	気温　　　℃	

小満

5 月22日㈬	天気	行事
	気温　　　℃	

かつお

男波から男波に隠れ鰹船　　　　近藤飴ン坊

　高波とたたかいながら、視力や聴力に鋭敏な鰹を黒潮に追う鰹船。漁場で有名なのは房総、土佐、薩摩。6mもある竿に麻の釣糸をつけ、生いわしを撒き餌とし、鰹が十分に集まったところを釣りあげる。鰹の一本釣りは壮観である。

魚にもプライドがあり餌を選ぶ　　今井　友蔵

　黒潮にのって2～3月頃、沖縄や鹿児島にあらわれた鰹は、7～8月頃に岩手の三陸沖に至る。秋には南下してくる。

鰹追う船団ついに花を見ず　　　　唐沢　春樹

　かつては、沿岸、近海を漁場としたが、戦後は南方海域にまででかけている。桜の季節は最盛期でもある。

初の字が五百鰹が五百なり　　　　江戸川柳

　山口素堂の俳句"目には青葉山初鰹"は有名だが、江戸っ子がどんなに初鰹を珍重したかを伺わせるのが上記の句である。着物を質に入れても初鰹を買うのを誇りにしたというから大変なもの。鰹は「勝男」と書かれることもあり、

5 月23日㊍	天気		行事	
	気温	℃		

kissデー

5 月24日㊎	天気		行事	
	気温	℃		

伊達巻の日

意気旺盛な縁起ものとされ、江戸っ子の気質に合ったのかもしれない。

スーパーで季節感なき初鰹　　　多和田　幹生

大阪へ二時間鰹の刺し身やせ　　　川上　紅雀

　和歌山産の鰹を詠ったのだろうか。鰹の刺し身は皮付きの銀皮作りとも呼ばれるが、普通は腹の部分を皮付きのまま用いる。生臭さを消すため「焼き霜」を入れる。焼き霜とは鰹の表面が白くなる程度に強火でさっとあぶること。この姿で売られることが多い。

ガスの火でたたきの味は騙せない　岡村　嵐舟

　藁の火であぶった焼き霜が絶品とされる。厚めの刺し身に、食塩をふりサンショウや紫蘇の葉、細かく刻んだ葱を大根おろしと合わせ、包丁の腹でたたき、しょう油や三杯酢で食べる。3・11の大震災からの笑顔に会えた。

被災地の漁師の笑顔初鰹　　　　　高浜　勇

（NHK学園川柳講師　橋爪まさのり）

5 月 25 日㊏	天気	行事
	気温　　　℃	

5 月 26 日㊐	天気	行事
	気温　　　℃	

指宿市ではオクラのアブラムシをテントウムシたちが退治

　鹿児島県指宿市はオクラ生産量日本一の産地で、いろいろな作型を取り入れて4月から11月まで全国へ出荷されます。その中で問題になるのが、成長点から茎葉が真っ黒になるほど多発するワタアブラムシ（写真1）です。しかし指宿市では「選択的殺虫剤の利用」と「天敵類の生存場所をほ場の近くに確保する植物の植栽」の取り組みが進み、アブラムシをテントウムシたちが退治しています。

　アブラムシは5月、7月、8月に発生ピークが現れますが、その発生に対応してテントウムシたち（ナナホシテントウ、ナミテントウ、ヒメカメノコテントウ（写真2）、ヒメテントウ）や、ヒラタアブの成・幼虫、オレンジ色が特徴的なショクガタマバエの幼虫、アブラバチ、クサカゲロウの幼虫などが続々とオクラほ場に出現し、アブラムシを退治してくれます。

　「地域にこんな役に立つ生き物がいたなんて全然考えたこともなかった。オクラ以外の植物を使うことがオクラ生産のためになることも面

5月27日(月)	天気	行事
	気温　　　℃	

小松菜の日、甲子、下弦の月

5月28日(火)	天気	行事
	気温　　　℃	

ゴルフ記念日

白いことです。」との声も挙がっています。生産者が生物環境を守りながら作る指宿のオクラ、ぜひご賞味ください。

写真1
アブラムシが群生
したシュート

写真2
テントウムシ幼虫の
いるシュート

（鹿児島県農業開発総合センター
　　　生産環境部　井上　栄明）

5 月29日㊌	天気		行事
	気温	℃	

こんにゃくの日

5 月30日㊍	天気		行事
	気温	℃	

ゴミゼロの日、消費者の日

雑穀で作る「へっちょこだんご」　雑穀文化の香り高い郷土食

　たかきび粉、もちあわ粉、いなきび粉をそれぞれ丸めて中央をへこませ、煮立った小豆汁に入れたもの。語源は人間のへそに似ていること、1年間農作業で "へっちょ（苦労）" したことをねぎらう意味で付けられたという説もある。

【材料6人分】
①たかきび粉：1カップ、熱湯：50cc
　もちあわ粉：1／2カップ、熱湯：40cc
　いなきび粉：1／2カップ、熱湯：30cc

塩：少々
②小豆：1カップ、水：4カップ、
　砂糖：120g、塩：小さじ1／2

【作り方】
①小豆汁は小豆を一晩水に浸け、たっぷりの水で軟らかく煮つめ、こしあんにして砂糖、塩少々を加え、味を整える。
②それぞれ、たかきび粉、もちあわ粉、いなきび粉に塩をひとつまみ入れ、熱湯で耳たぶく

| 5 月31日㊎ | 天気 | 行事 |
| | 気温　　　　℃ | |

世界禁煙デー

雑学スクール

★ウイスキーはどれぐらい持つか？

つい最近まではアルコールと言えば、ビール、発泡酒、チューハイ、ワインが人気で、ウイスキーはやや下火でした。ところが、CMの影響からかハイボールが居酒屋や家飲みでジワリジワリと人気が出て、それによって若い人もウイスキーに親しむ機会が増えました。

ウイスキーの良いところは賞味期限がないところです。それはモルトウイスキーでもブレンデッドでも関係なく、封を開けていなければ賞味期限は無いものと考えて大丈夫です。愛好家の間では古いウイスキーほど価値が高いとされ、状態のよい年代物が人気です。しかし、これはあくまでも樽に入っている状態のことで、瓶詰めされたものは、それ以上熟成することはありません。

一般的にウイスキーの味や香りに変化がなく美味しく飲めるのは、開封後３ヶ月から半年と言われています。

参考資料：macaroni

らいの固さにこねる。
③こね上がったら直径２cmくらいの球状に丸め、真ん中を親指でくぼみつける。
④煮立っている小豆汁にだんごを入れ、だんごが浮き上がったら出来上がり。

【料理のポイント】
①雑穀には独特の苦みがあるが、これは雑穀文化の香り高い味であり、大切にしたい。
②小豆汁はゆるめに、砂糖は控えめにして、た

かきび等素材の持ち味を大切にする。

（岩手県農林統計ＯＢ会　佐藤　進）

間違いないネ！ 定番即席ラーメン　★サッポロ一番 塩らーめん

　袋入り即席ラーメンのなかで何が一番売れているのか？

　答えは「サッポロ一番 みそラーメン」です。そして僅差で2位が今回お薦めする「サッポロ一番 塩らーめん」。

　新しい商品がめまぐるしく開発されているラーメン業界において、サンヨー食品のロングセラー商品がいまだに1位、2位を独占しているのは驚きです。

　そもそも「即席ラーメンの塩味」と言って、「サッポロ一番」以外を思い浮かべることができるでしょうか？

　この伝説的な「サッポロ一番 塩らーめん」は、1971年に発売を開始しました。

　スープは、すでに同社で発売していた「長崎タンメン」の味をグレードアップ。野菜のうまみを強調してチキンとポークのエキスをプラスし、香辛料で整えています。麺には山芋を練り込み、断面は円形、モチモチした食感を醸し出しています。

　具を入れないでそのまま作っても、もちろん旨いんですが、昔のCMで流れていた「はくさい、しいたけ、に～んじん、季節のお野菜いかがです～」を参考に野菜やゆで卵、メンマ、ハムなんかで彩れば、さらに旨さもレベルアップします。

　白色でちょっと黄色みのあるスープに白い麺がよく絡みます。また付属の「切り胡麻」が実にいい仕事をしてくれます。

　ちなみに、多くの商品が何度も改良を繰り返していく中で、「サッポロ一番 塩らーめん」は発売当初から全く味を変えていないそうです。

参考資料：Exciteコネタ　Wikipedia

間違いないネ！ 定番即席ラーメン　★中華三昧

　果たして「中華三昧」を袋入り即席ラーメンの括りに入れて良いものか？悩むところではありますが、高級即席ラーメンという特別枠として紹介します。

　「中華三昧」は明星食品が1981年10月に販売を開始しました。いままでの即席ラーメンの上をいく「プレミアムラーメン」を目指したもので、同社の持っていたノンフライ麺の製造技術をふんだんに生かし、スープもとことん研究して、本格的な味に昇華しました。

　当時、ふつうの袋麺が1個70円の時代に1個120円という強気の価格設定で世に出しましたが、あちこちで品切れが続出、生産が追いつかなくなる状態でした。

　「中華三昧」の大ヒットに他社も刺激を受け、後追いの形で研究を重ねました。そして各社とも高級即席ラーメン市場に名乗りをあげました。

　例えば日清食品は「麺皇」、ハウス食品は「楊婦人」、東洋水産は「華味餐庁」のシリーズで

勝負に出ましたが、勝ち残って現在まで販売をつづけているのは「中華三昧」のみ。

　それだけ考えつくされ、39年目を迎えるロングセラー商品ですが、年月を経てますます洗練されつつあります。高級中華料理店で食べる「つけそば」の味わいを再現する、というのがテーマになっていて、しょうゆ、味噌、塩ともに「醤（XO醤、豆板醤、甜麺醤、蝦醤）」を使った特選スープとコシのツルツル感が特徴のノンフライ麺がウリです。

　筆者も初めてこれを食べたときは衝撃を受け、「麺がツルッツルで、コシもしっかりあり、スープのコクも深い。これじゃ街の中華屋さんのラーメンは太刀打ちできないなぁ…」と思いました。

参考資料：Wikipedia

6月 June

チャグチャグ馬コ
（岩手県岩手郡滝沢村）

●節気・行事●

気象記念日	1日
世界環境デー	5日
芒　　　種	6日
時の記念日	10日
入　　　梅	11日
父　の　日	16日
夏　　　至	22日
沖縄慰霊の日	23日
大　　　祓	30日

●月　　相●

○満　　月	17日
●新　　月	3日

6月の花き・園芸作業等

花　き

　プリムラの播種。ハナショウブ、アヤメの株分け。熱帯性観葉植物の株分け、鉢替え。チューリップ、ムスカリ、ヒヤシンスなど秋植え球根類の堀り上げ、貯蔵。エビネの株分け、鉢替え。アサガオの支柱たて。キンモクセイ、ツバキ、ツツジ、アオキなど常緑樹の挿し木。

野　菜

　抑制キュウリ、ニンジン、ミツバの播種。セルリ、イチゴ、リーキ、球形キャベツの移植。キュウリ、カボチャ、スイカ、トマト、トウモロコシの追肥。キュウリ、カボチャの摘芯、整枝、摘葉、敷草。キュウリ、カボチャ、ナス、トマト、ソラマメ、タマネギの収穫。

果　樹

　リンゴ、赤ナシの袋かけ。カキの摘果、人工交配。早生モモ、サクランボの収穫。モモ、ナシの夏季剪定。ブドウの摘芯、誘引。ミカン、ビワの移植。敷草、排水溝整備。ブドウの根接ぎ。ミカン、ブドウ、リンゴ、ナシ、カキの病害虫防除。

6月 暦と行事予定表

		節 気 ・ 行 事	予 定
1	(土)	電波の日、写真の日、気象記念日、衣かえ、万国郵便連合加盟記念日、己巳	
2	(日)	横浜開港記念日、甘露煮の日	
3	(月)	測量の日、ムーミンの日、新月	
4	(火)	歯と口の健康週間	
5	(水)	世界環境デー、危険物安全週間（9日まで）	
6	(木)	芒種、楽器の日、梅の日	
7	(金)	旧端午の節句	
8	(土)		
9	(日)	ロックの日	
10	(月)	時の記念日、上弦の月	
11	(火)	入梅、傘の日	
12	(水)		
13	(木)		
14	(金)	世界献血者デー	
15	(土)	生姜の日	
16	(日)	父の日、和菓子の日	
17	(月)	さくらんぼの日、満月	
18	(火)	海外移住の日、	
19	(水)		
20	(木)	ペパーミントの日	
21	(金)		
22	(土)	夏至、ボウリングの日、冷蔵庫の日、かにの日	
23	(日)	沖縄慰霊の日、オリンピックデー	
24	(月)	麦の日	
25	(火)	住宅デー、下弦の月	
26	(水)	国連憲章調印記念日	
27	(木)	ちらし寿司の日、メディア・リテラシーの日	
28	(金)	貿易記念日	
29	(土)	佃煮の日	
30	(日)	大祓、夏越祭	

病害虫の防除

6月の野菜づくり

病気や害虫は、被害が発生してから対処するのではなく、予防を心がけましょう。

【病気を防ぐ】

耐病性品種や接ぎ木苗を使う　キャベツやハクサイは、連作すると根がコブ状に肥大する根こぶ病となることがあります。トマト、ナスでは、根が侵されしおれる病気があります。これらの病気には耐病性品種や抵抗性台木を使って病気を防ぎます。

栽培方法の工夫　病気は排水が不良で、風通しと日当たりの悪い畑で発生しやすいので、高畝や疎植にするなど栽培環境を改善することを考えましょう。

資材を活用する　土が雨に打たれ、葉への跳ね上がりは病気のもと。株元にワラやポリフィルムでマルチをします。真夏には土面を透明ビニールで覆って、太陽熱消毒した後に種まきすると、立枯病の予防になります。

【害虫から守る】

ネット栽培を行う　防虫ネットや寒冷紗などをトンネル状に掛けたり、不織布のべたがけ栽培により、害虫を防ぎます。ネットの目合いが細かいほど効果が高くなります。

アブラムシ対策　アブラムシはキラキラする光を嫌うため、光を反射するポリマルチ（銀色または白色）がアブラムシの飛来防止に効果的です。また、畑の周りにソルゴーなどで障壁を作ったり、ネットで囲ったりするとアブラムシの飛来を防ぐことができます。

天敵で抑える　ソルゴーにはアブラムシの天敵テントウムシ、クサカゲロウ、ヒラタアブなどが生息しています。天敵が活動する前の春先には天敵には安全な選択性農薬（粘着くんなど）を使うことができます。

（神奈川県種苗協同組合　成松　次郎）

遅刻でメダルを逃した優勝候補

オリンピックこぼれ話

オリンピックでも前代未聞の珍事件が起きたのは、1972年に開催されたミュンヘン大会でのこと。

なんと、男子陸上100mに出場するはずのアメリカ選手、エディ・ハートとレイ・ロビンソンの両名がレースの開始時刻近くになっても会場に現れなかったのです。

ハートとロビンソンの両選手は、当時陸上100m走で「9.9秒」という大記録を打ち立て、脚光を浴びている選手だったため、会場は大騒ぎに。「どうなってるんだ」「事故でもあったのか」と観客が騒ぎ出して大混乱になったといいます。

ところが、両選手は結局開始時刻を過ぎても現れず、ついに失格となってしまいました。

レースの終了後、ようやく会場へ到着した2人は、愕然としながら肩を落としていたそうですが、では一体なぜこのようなことが起こってしまったのでしょう。

実はその原因は、コーチの持っていたスケジュール表にあったのです。

コーチが持っていたレースのスケジュール表は1年以上も前に作成されたもので、情報が更新されないまま選手とコーチに手渡されたのです。

レース当日、現地のテレビ局に招かれてテレビを見ていた2人は、優勝候補を待つ100mスタート直前の様子を見てびっくり。

すぐにテレビ局の車で競技場へと急いだものの、「時すでに遅し」で戦いの火ぶたはもう切られていました。

結局、彼らはオリンピックルールにより失格となってしまったのです。

とんだケアレスミスが招いたアクシデントでしたが、この出来事は全世界の新聞に報じられ、日本でも「世紀の大遅刻」と大々的に報道されたということです。

6 月 1 日㊏	天気	行事
	気温　　　　℃	

電波の日、写真の日、気象記念日、衣かえ、万国郵便連合加盟記念日、己巳

6 月 2 日㊐	天気	行事
	気温　　　　℃	

横浜開港記念日、甘露煮の日

檀一雄も愛した、熱々揚げたての『飫肥天』

　「飫肥天」は、宮崎県日南市飫肥地区に伝わる郷土料理。江戸時代に飫肥藩領だったこの土地で生まれ、それから数百年の歴史を持つ飫肥天は、魚肉の練り物を油で揚げたいわゆる「揚げかまぼこ」で、見た目は鹿児島名産のさつま揚げとよく似ています。「飫肥天」という名前については、昔「飫肥のテンプラ」と呼ばれていたものが、いつしか略してオビテンとなったようです。飫肥藩の時代、鯛やカレイのような白身魚は高級魚だったため、庶民はイワシやア

ジ、サバやトビウオといった日向灘近海の大衆魚を丸ごとすり身にしたものを揚げて食べていたのだとか。すり身の揚げ物といっても調理に一工夫があって、なかなかグルメな仕上がりになっています。すり身に豆腐を混ぜたことでふんわりした食感が生まれ、さらに味噌や黒砂糖を味付けに使って複雑な味のハーモニーが醸し出されました。

| 6 月 3 日㈪ | 天気 | 行事 |
| | 気温　　　℃ | |

測量の日、ムーミンの日、新月

| 6 月 4 日㈫ | 天気 | 行事 |
| | 気温　　　℃ | |

歯と口の健康週間

【作り方】
①魚をすり鉢でつぶし、豆腐、黒砂糖、塩、酒、みそを入れてよく練る。
②手のひらでたたきながら、「舟型」や「木の葉型」に入れて形を仕上げる。
③150℃の菜種油で2分間ほど揚げる。
　こういった手順で出来上がる揚げたての飫肥天は、黒砂糖と味噌の風味が際立って、いかにも味覚をそそります。よく煮物などに使われるさつま揚げと違って、飫肥天は揚げたままか軽く焼いて食べるのが主流。飫肥では揚げたての飫肥天をメインにした「飫肥天定食」を提供する店もあるようです。この飫肥天を全国に知らしめたのは、「檀流クッキング」や「美味放浪記」などの著書でも有名な檀一雄氏で、氏は昭和45年頃、テレビや雑誌で「うまかっ！オビテン」と何度も紹介。地元では飫肥天を全国区にした功労者として、今でも敬愛されているということです。

（宮崎県うまいもの同好会）

6 月 5 日㈬	天気		行事	
	気温	℃		

世界環境デー、危険物安全週間（11日まで）

6 月 6 日㈭	天気		行事	
	気温	℃		

芒種、楽器の日、梅の日

冷や奴

よい風が胸毛を撫でて冷や奴　荻田　千代三

　くつろいだ姿で一杯をやっている家庭が浮かんでくる。ひと風呂浴びた肌に風が心地よい。ことなく終えた今日をのんびりと冷や奴を肴にしめくくる。

冷ややっここれも料理と言うならば　西山春日子

　冷やした豆腐をやっこに切り、生姜、紫蘇などの薬味をつけ生醤油で食べる。冷麦や冷やし素麺などと共に暑い時の清涼食品の一つといえよう。涼しげに盛り合わされた冷や奴は目にも爽やかだ。

貧しければああそれでよし冷や奴　下山　清湖
今日もまた愚痴いいながら冷や奴　小田トキヱ

　絹ごし豆腐は湯豆腐向き、木綿豆腐は冷や奴むきとされる。絹や木綿の違いは漉す時の布地ではなく、豆腐に圧力を加えて整形する時の重石の差によるもの。絹ごしとは、きめの細かさの表現でしかない。冷や奴のシンプルな姿やさっぱりした味は庶民そのものとされ、鎧いを脱いだ人間丸出しに相通じるのだろう。格差社会

6 月 7 日㈮	天気	行事
	気温　　　　℃	

旧端午の節句

6 月 8 日㈯	天気	行事
	気温　　　　℃	

といわれ庶民は恵まれない。

冷や奴四角四角に箸がいき　　　　徳永　痴郎

冷ややっこ女房へ欠けたまま残り　川上三太郎

　豆腐は奈良時代に伝わったが、庶民に知られるようになったのは室町時代。僧侶の日常食品として、特に京都で発達した。江戸時代に入ると豆腐は庶民の生活に欠かせないものになった。上方の豆腐は軟らかく味がよい、江戸のものは一般に固く味も劣るとされた。

冷奴ほどの我が家の幸福度　　　　林　マサ子

　江戸時代に大阪で「豆腐百珍」「豆腐百珍続編」が出た。文豪、谷崎潤一郎はこの本に基づいて百種の豆腐料理を作って食べたという。冷や奴も含まれていたに違いないが、それにしても食べ物に対する執念はすごい。

不快指数正気をくれた冷や奴　　　吉田　静子

（NHK学園川柳講師　橋爪まさのり）

6 月 9 日㊐	天気	行事	
	気温　　　　℃		

ロックの日

6 月10日㊊	天気	行事	
	気温　　　　℃		

時の記念日、上弦の月

だんご汁　～米に代わる主食最高料理～

　菊人形で有名な二本松市（旧安達町）を中心とした福島県北部地域（とくにその南部）は、昔は養蚕で栄えました。

　ここは、高村光太郎の妻として純愛に生きた高村智恵子の故郷でもあります。智恵子は光太郎の詩集「智恵子抄」で大変有名になりました。

　だんご汁は戦時中の食糧難時代に米に代わる主食として貴重な存在でした。だんごは、養蚕農家が忙しい合間に素早く作れて食べられる料理として重宝されました。

　素材や味付けなどは、作る人によって十人十色の味わいがあり、「さまざまな農家の味」がそれぞれの家庭に受け継がれています。

　だんご汁には豊富な材料が入り、大根、里芋、ニンジン、ゴボウ、キノコ、そしてもちろん肉も入れます。だんごの柔らかさが特徴で、耳たぶより柔らかく練って鍋の中に入れます。

　だんごが浮いてくれば火が通った証拠。器に盛った後、最後にネギを加えます。

　戦時中は「すいとん」としても広まりました。

6 月 11 日㊋	天気	行事
	気温　　　　℃	

入梅、傘の日

6 月 12 日㊌	天気	行事
	気温　　　　℃	

　今や飽食の時代ですが、昔の味がいいものだったと、再認識させられます。昨今ではあちこちの催しで、このだんご汁が作られています。

【お問い合わせ先】
〒960-0102
福島市鎌田字樋口15-7
（福島農林統計OB会　事務局長　平田　保）

6 月13日㈭	天気		行事
	気温	℃	

6 月14日㈮	天気		行事
	気温	℃	

世界献血者デー

モモ、ブドウにおける無化学肥料栽培に向けた有機物資材の施肥方法

　山梨県では、環境にやさしい農業を行うために有機物資材の効率的な利用を推進しています。

　そこで、山梨県果樹試験場では、モモやブドウ栽培で、化学肥料を使用せず有機物資材のみを組み合わせて施用する施肥方法の検討をしました。

　試験は、モモ、ブドウ栽培ともに、当場内圃場で行い、施用する有機物資材は、資材の分解のしやすさや樹体の生育量から牛ふん堆肥、発

酵鶏ふん、なたね油かす、魚かすとしました。

　有機物資材の施用方法は、山梨県農作物施肥指導基準に従い、牛ふん堆肥1ｔ／10ａと発酵鶏ふん100～150kg／10ａを施用して、資材に含まれる窒素量を求め、不足する窒素量をなたね油かすや魚かすで補い、配合肥料を用いる慣行施肥と同じ窒素施肥量としました。

　その結果、収量、果実品質および冬季剪定量は、モモ、ブドウ栽培ともに慣行施肥と比較して、有機物資材のみを組み合わせて施用しても

6 月15日⊕	天気		行事
	気温	℃	

生姜の日

6 月16日⊜	天気		行事
	気温	℃	

父の日、和菓子の日

同程度でした。

　土壌中の養分量は、有機物資材のみを施用しても、可給態リン酸や交換性カリ含有量などの急激な蓄積は認められませんでした。

　以上の結果から、モモ、ブドウ栽培では、牛ふん堆肥と発酵鶏ふんに加え、なたね油かすや魚かすを組み合せる施肥方法は、慣行施肥と同等の果実生産が可能と考えられます。

　なお、土壌中の養分量を適切に保つために、土壌分析を定期的に行うとともに、有機物資材に含まれる養分量を確認して、適正な量の有機物資材を施用するように心掛けてください。これからも果樹の高品質安定生産に向けて有機物資材を適切に活用してください。

（山梨県果樹試験場　加藤　治）

6 月17日㊊	天気		行事	
	気温	℃		

さくらんぼの日、満月

6 月18日㊋	天気		行事	
	気温	℃		

海外移住の日

男鹿しょっつる焼きそば

「男鹿しょっつる焼きそば」は男鹿に足を運んでもらえるような食を創ろうと、地元の食文化「ハタハタしょっつる」を気軽に楽しんでもらえるメニューとして開発されたご当地グルメです。

男鹿しょっつる焼きそばには三つのルールがあります。

1.タレは日本三大魚醤の一つ「ハタハタしょっつる」ベースの塩味としょうゆ味。

2.麺は粉末ワカメと昆布ダシ入りの特製麺。

3.具材に肉を使わない海鮮焼きそば

以上の3点を満たしていれば「男鹿しょっつる焼きそば」になるため、各店ごとに違ったオリジナルレシピを楽しむことができるのが特徴です。観光巡りとともに、いろいろなお店の焼きそばを食べ比べる楽しさがあります。

また、ハタハタの魚醤の風味を手軽に楽しめるのも「男鹿しょっつる焼きそば」の特徴の一

6 月19日㈬	天気		行事
	気温	℃	

6 月20日㈭	天気		行事
	気温	℃	

ペパーミントの日

　つ。男鹿の「ハタハタしょっつる」は、日本で
唯一ハタハタと天日塩のみで3年間も熟成させ
た地域に伝わる正統製法で製造されているた
め、上品かつ芳醇な味わいが自慢です。
　男鹿の伝統食文化「ハタハタしょっつる」を
活かした「男鹿しょっつる焼きそば」を食べに、
ぜひ一度男鹿へお越しください。

（男鹿市 観光文化スポーツ部　観光課

秋山　詩歩）

6 月 21 日㊎	天気		行事
	気温	℃	

6 月 22 日㊏	天気		行事
	気温	℃	

夏至、ボウリングの日、冷蔵庫の日、かにの日

衣更え　豊かな四季を持つ日本ならではのしきたり

　6月1日は「衣更え」。昨今ではウォークイン・クローゼットの普及やエアコンの普及で影が薄くなりつつありますが、それでもさわやかな夏服への衣更えを報じるニュースや記事を目にします。

　衣更えの歴史は古く、平安時代からで、なんと国の行事として行われていました。

　旧暦の4月1日と10月1日が『更衣の日（衣更えの日）』とされ、大切な国の行事でした。なぜならば、冬から夏、夏から冬へと季節が変わ

る日は厄日とされ、衣装を変えることで、溜まった厄を祓える、と考えていたからです。

　江戸時代になると、幕府が衣更えの決まりを作りました。4月1日からは袷の小袖、5月5日からは単衣の帷子、9月2日からは再び袷の小袖にするとし、同月9日からは綿入れを着用すべしとしたのです。これは厄払いの意味合いよりも、贅沢を戒める意味合いのほうが強かったようです。

　現在のスタイル、すなわち衣更えは6月1日と

6 月23日㊐	天気		行事	
	気温	℃		

沖縄慰霊の日、オリンピックデー

6 月24日㊊	天気		行事	
	気温	℃		

麦の日

10月1日の年2回となったのは、明治になってからのこと。軍人や警察官の制服を一斉に変えたことにより、官公庁や学校でも採用されるようになりました。

そう言えば、かつてはこの時期になると、すれ違う時などに、防虫剤独特の匂いがしたものです。皆さんも、同じような記憶があるのではないでしょうか。

季節の移ろいを目で、鼻で、感じることができる衣更えは、いにしえから続く伝統であり、四季のある日本ならではの風習であり、行事であると言えるでしょう。

(千羽 ひとみ)

6 月25日㊋	天気	行事	
	気温　　　　℃		

住宅デー、下弦の月

6 月26日㊌	天気	行事	
	気温　　　　℃		

国連憲章調印記念日

飛騨高山の「ごっつお」　山国で育まれたふるさとの味

　飛騨高山は、秋の祭り、桜山八幡宮の祭礼が済むとまもなく山から紅葉が下りてきます。

　そして「国分寺の銀杏がすっかり葉を落としてしまうと20日目に雪が降る」と言い伝えられています。

　女衆たちは、追いかけられるように長い冬ごもりの支度にとりかかるのです。

　やがて、半年にも及ぶ雪に埋もれた生活が始まり厳しい冬を越すため、生活の知恵としての伝統の味を作り出したのです。

　また、都会から遠く離れた山国であったため、古くは交通の便もなく1日がかりで行ったものでした。

　富山から年越しのブリが運ばれていたようにわずかな交易はあったものの、山に囲まれ、深い雪に閉ざされるため、高山独自の生活文化が育まれてきました。

　一年を通した季節の移りかわりや、それに伴う年中行事にふさわしい食のあれこれも、自生する木の実や山野草、畑で育てる野菜を材料に

6 月 27 日㊍	天気		行事	
	気温	℃		

ちらし寿司の日、メディア・リテラシーの日

6 月 28 日㊎	天気		行事	
	気温	℃		

貿易記念日

して、素朴で淡泊ながら「ふるさとの味」を作り出したのです。それは、「朴葉みそ」や「品漬け」「なつめの甘露煮」等に代表される高山の味で、祭りをはじめとする行事や日常生活に豊かさとうるおいを伝えてきたのでした。写真は、飛騨高山の「年とり膳とごっつお」で各家庭で作られています。古く大晦日には、一家の主人が年とりのやわい（準備）をしました。

　煮物はすべて囲炉裏の鉤づるに鉄鍋をかけ木蓋をして煮たものです。年とりのごっつおでの主役は鰤です。一切れずつ竹串にさし、いろりの火の回りで焼き、大根なますを添えます。赤丸くずし（かまぼこ）、ちくわ、昆布巻きなど縁起をかついだ正月料理に、「にたくもじ」（漬物煮）やふきの煮物やワラビ、タケノコ、品漬（赤カブ中心に赤茸、なす、胡瓜、茗荷等の切漬）等で、ふるさとのごっつおを作り上げてきたのです。ここ高山では、今でも他にはない習わし、食習慣、言葉等が多く残っています。

　伝承料理の代表でもあり、飛騨地方の料理の

6 月29日㈯	天気		行事	
	気温	℃		

佃煮の日

6 月30日㈰	天気		行事	
	気温	℃		

大祓、夏越祭

本流をなしている結婚式等の本膳料理では、宴会時間が長く、乾杯に始まって30分は席を立たない食事と酒で始まります。そして哀調を帯びた高山独特の「めでた」が詠われる。そして無礼講となるのです。料亭では「宗和流本膳」の流れをくむ料理も出してくれます。

参照「伝えたい高山の味
　　　　─ならわしとご馳走─」
編集 高山市教育委員会、
　　　高山市伝承郷土料理編集委員会

【観光案内】高山市商工観光部観光課
TEL 0577-35-3145

（元岐阜農林統計協会事務局長　平田　忠彦）

7月 July

鯛まつり
(愛知県豊浜)

●節気・行事●

半　夏　生	2日
小　　　暑	7日
七　　　夕	7日
ぼ　　　ん	15日
海　の　日	15日
や ぶ 入 り	16日
土　　　用	20日
大　　　暑	23日
土 用 の 丑	27日

●月　　相●

○満　　月　17日
●新　　月　3日

7月の花き・園芸作業等

花　　き

ジャーマン・アイリスの株分けと植付け。ハボタンの播種。ゴムノキ、ホンコンカボック、クロトンの取り木。多雨期の病害虫防除。暑さに弱い種類への日除けの設置。アジサイの整枝。庭木・花木の夏の剪定。生け垣の剪定。ザクロ、ドウダンツツジ、ウメなど落葉樹の緑枝挿し。

野　　菜

キュウリ、チシャ、ニンジン、ダイコンの播種。キャベツ、セルリ、チシャ、葉ネギの移植。夏ネギの定植。ナス、トマトの追肥。ナス、トマト、イチゴの灌水。ウリ類、ナス、キャベツに対する殺菌剤の散布。ネギに対する殺虫剤の散布。キュウリ、ナス、トマト、スイカ、カボチャの収穫。

果　　樹

カキの摘果。モモの袋はぎ。ミカンの追肥。ナシの灌水。ブドウの摘芯、誘引。ブドウの根接ぎ。ビワの播種。早生ナシ、早生リンゴ、中生モモ、ビワ、イチジクの収穫。リンゴ、ナシ、ブドウ、カキ、ミカンの病害虫防除。草生園の草刈り。

7月 暦と行事予定表

	節 気 ・ 行 事	予 定
1 (月)	社会を明るくする運動、安全週間、国民安全の日、富士山山開き、銀行の日	
2 (火)	半夏生	
3 (水)	ソフトクリームの日、七味の日、波の日、新月	
4 (木)	米国独立記念日	
5 (金)	穴子の日	
6 (土)	サラダ記念日	
7 (日)	七夕、小暑	
8 (月)	質屋の日、中国茶の日	
9 (火)	上弦の月	
10 (水)	納豆の日	
11 (木)	真珠記念日	
12 (金)	初伏、洋食器の日	
13 (土)	盆迎え火	
14 (日)	検疫記念日、パリ祭	
15 (月)	●海の日、ぼん、中元	
16 (火)	盆送り火、国土交通デー、賽日、藪入り、閻魔詣り	
17 (水)	満月	
18 (木)		
19 (金)		
20 (土)	土用、労青少年の日、ハンバーガーの日	
21 (日)		
22 (月)	下駄の日、中伏、庚申	
23 (火)	大暑、ふみの日	
24 (水)	地蔵盆	
25 (木)	うま味調味料の日、下弦の月	
26 (金)	甲子	
27 (土)	土用の丑の日	
28 (日)		
29 (月)	アマチュア無線の日	
30 (火)	梅干の日、プロレス記念日	
31 (水)	己巳	

気象災害への備え

7月の野菜づくり

　最近は、猛暑の夏になる年が多く、また、ゲリラ豪雨もあり、これらの対策を考えておきましょう。

【高温対策】
遮光　強い日差しで地温が上がり、発芽障害や幼苗に葉焼けを起こすことがあります。まき床の上にヨシズを掛けたり、寒冷紗のトンネルで遮光します。ただし、遮光しすぎると苗が徒長するので、注意が必要です。

マルチ　土の乾燥防止のため、地面に敷きワラやポリフィルムでマルチをして、蒸散を防ぎます。白や銀色の光を反射するフィルムは、地温を下げる効果があります。

【強風対策】
支柱とネット　ナス、トマトなどの支柱をしっかり固定させ、菜園の風上側を防風ネットで囲うことで茎葉や実の風ずれなどの強風被害を軽減できます。

べたがけ　風で振り回されると葉が千切れるので、幼苗の保護のために不織布のべたがけは効果があります。台風にはネットを野菜に直接掛けて、飛ばされないように抑えます。

土寄せ　発芽直後では間引きを延期し、子葉直下まで土寄せをします。少し大きな株では株元に十分な量を土寄せし、株のぐらつきを防ぎます。

【大雨対策】
排水を良くする　菜園から速やかに水が引くように、畝間と周囲に排水溝を作っておきます。
高畝　水田転換の畑など水が溜まりやすい畑では、高畝にします。

（神奈川県種苗協同組合　成松　次郎）

日本初のメダルを手にした銀行マン

オリンピックこぼれ話

　最近では錦織圭選手の活躍が注目されるテニス競技ですが、実は今から100年前に全米オープンに出場して4強入りを果たし、さらに日本初のメダルまで獲得したテニスプレーヤーがいたのです。

　その人の名は「熊谷一弥さん」といい、慶應大学卒業後、銀行員としてニューヨークに駐在しながら試合をするアマチュアでした。

　しかし、実は熊谷さんは軟式テニスからの転向組で、硬式テニスに移ってからも、ラケットの握り方は軟式のままを貫いた異端児。

　そのグリップによって繰り出されるドライブのかかった球は、対戦相手をいつも悩ませたそうです。

　100年前の全米オープンのことは当時の日本の新聞でも伝えられ、「熊谷氏優勢 国際テニス選手競技會に於いて勝利を博したり」という記事は、日本中のテニスプレーヤーを熱狂させたということです。

　そして、1920年のアントワープオリンピックで、熊谷さんは日本人として初めてメダルを獲得した選手になりました。

　シングルスとダブルスでともに銀メダルを手にしたのです。

　ただ、負けん気の強い熊谷さんは、金を取れなかったことをずっと悔やんでいて、「なぜ金メダルを取れなかったのか」といつも残念がっていたといいます。

　ちなみに錦織選手の活躍を受け、九州のテニス界では改めて「昔、大牟田出身のすごいテニス選手がいた」ということが話題になっているのだとか。実は今でも熊谷さんの出身校が旧制宮崎中であることから、毎年「熊谷杯」という記念大会が開かれているそうです。

　1975年に始まった大会では、九州各県から若い選手が集まり、第2の熊谷選手をめざして熱闘を繰り広げているということです。

| 7 月 1 日㊊ | 天気 | 行事 |
| | 気温　　　　℃ | |

社会を明るくする運動、安全週間、国民安全の日、富士山山開き、銀行の日

| 7 月 2 日㊋ | 天気 | 行事 |
| | 気温　　　　℃ | |

半夏生

居酒屋メニューの定番が進化　道民が愛する「ラーメンサラダ」

　北海道の食べ物といえばラーメンを思い浮かべる人は多いと思います。それでは、「ラーメンサラダ」というのはご存じでしょうか。大まかにいうと、サラダとラーメンの麺を合体したもので、主に居酒屋の定番メニューとして広がり、北海道民に愛されている食べ物です。

　ゆでたラーメンに、レタス、キュウリ、トマトなどの野菜、えび、ホタテなどの魚介具材などを添え、これにごま風味のドレッシングや醤油だれなどを麺や具材にたっぷり絡めて食べま

す。

　冷やしラーメン（冷やし中華）と似ていますが、麺と具材の量、たれに大きな違いがあります。ラーメンサラダのメインはあくまでもサラダなので、具材が多めで麺は少なめです。

　仕事帰りや宴会での酒席のお供として、まず空腹感を満たしたい、それでいて、ヘルシーでさっぱりしたものが食べたいと思うときは、迷わず「ラーメンサラダ（略してラーサラ）」を注文します。コシのある麺の食感と、野菜のさ

7 月 3 日㈬	天気		行事	
	気温	℃		

ソフトクリームの日、七味の日、波の日、新月

7 月 4 日㈭	天気		行事	
	気温	℃		

米国独立記念日

っぱり感は絶妙です。また、具材やドレッシングは店ごとのオリジナルで、それぞれに特徴があるのも楽しみです。

　このラーメンサラダの歴史はおよそ30年ほど前に札幌市にあるホテルの調理長が、サラダ感覚で味わえるメニューとして考案したといわれています。今では道外の居酒屋等にも広がっているようですが、更にコンビニエンスストアでの商品化やギフトセット、通信販売でも麺やドレッシングが扱われるようになっており、家庭でも手軽に楽しむことができるようになっています。

　北海道発祥の「ラーメンサラダ」を是非お試し下さい。

（農林統計協会　賛助会員　三津田　裕二）

7 月 5 日㊎	天気	行事
	気温　　　　　℃	

穴子の日

7 月 6 日㊏	天気	行事
	気温　　　　　℃	

サラダ記念日

七夕　アジア諸国では恋人達の日として定着

　天帝に結婚を許されたものの、遊んでばかりの牽牛と織姫。怒った天帝によって引き離されたものの、1年に一度だけ、天の川をはさんで会うことを許されるという中国の民話と、これも女の子の手芸の上達を願う中国の乞巧奠の風習、これに日本の民話である、『棚機女』の話が融合し、今に伝わる行事が七夕です。『七夕』が『たなばた』と呼ばれるのも、ベースにこの伝説があるからです。

　童謡『たなばた』の歌詞通り、この日には軒端に笹竹を立てかけ、願い事を書いた五色の短冊を飾ります。宮城県仙台市や神奈川県の平塚市の七夕祭りには、毎年たくさんの観光客が集まります。夏の夜に相応しい、ロマンティックで美しいお祭りです。

　七夕は日本独自の行事でなく、中国本土はもちろんのこと、韓国や台湾、ベトナムなどのアジア各国でも行われています。

　たった一夜のみ会うことを許され、日本では雨が降るとそれさえかなわないとされていて悲

7 月 7 日 ⽇	天気		行事	
	気温	℃		

七夕、小暑

7 月 8 日 ㊊	天気		行事	
	気温	℃		

質屋の日、中国茶の日

恋の側面が強い七夕ですが、アジア各国では少々趣きが異なるようです。

たとえばお隣の韓国では、この日の雨は、「再会した喜びの涙」とされ、前向きにとらえます。その他の国でも、天候にかかわらず恋人達が愛を確かめ合う日とされていて、さまざまなイベントが行われるほか、花やプレゼントなどを贈り合います。悲恋でなく、愛する人が再会する喜びのほうにフォーカスされているのです。

これも国民性の違いかもしれませんが、雨があると会えないとする日本の伝説にも、なかなかの趣があるように思います。

（千羽 ひとみ）

| 7 月 9 日㊋ | 天気 | 行事 |
| | 気温　　　　℃ | |

上弦の月

| 7 月 10 日㊌ | 天気 | 行事 |
| | 気温　　　　℃ | |

納豆の日

狭山茶コーラ

「狭山茶コーラ」をご存じだろうか？

「狭山茶」は「♪色は静岡、香りは宇治よ、味は狭山でとどめさす」で知られる日本三大銘茶の一つで、埼玉県西部を主産地とする深い味わいが特徴の埼玉県の名産品です。

「狭山茶」産地は自分の茶園で生葉を生産し、自分の茶工場で生葉を製茶し、自分の店舗でお茶を販売するという「自園・自製・自販」という経営形態をとってきました。自分の店舗でお茶を販売する中で、馴染みの顧客と深く結びつ

き、安定した販売が期待できる強みがあるものの、新規の顧客をいかに呼び込むかが茶生産農家の今後の課題となっています。

近年、茶生産農家では若い後継者が続々と就農しており、若い感性を活かして、様々なアイデア商品が生まれています。

「狭山茶コーラ」もそんな産地の動きの中で誕生しました。入間市豊岡の茶生産農家が平成13年から開発をはじめ、14年から販売を開始しました。原材料はもちろん「狭山茶」。深い緑

7 月 11 日㊍	天気		行事	
	気温	℃		

真珠記念日

7 月 12 日㊎	天気		行事	
	気温	℃		

初伏、洋食器の日

色のビジュアルインパクトから口コミやSNSで評判が広まり、年々販売数を増加させています。

県内の茶販売店、農産物直売所等で、200mℓ250円で販売されています。

「味はどうなんだろう？」と興味を持った方もいらっしゃると思いますが、百聞は一見にしかず。ぜひ狭山茶の産地に足を運んでいただき、ご賞味下さい。

「狭山茶コーラ」の他にもさまざまな狭山茶商品が開発されています。そんな逸品に出会え

るのも、一軒一軒がそれぞれ特徴を持つ「狭山茶」の醍醐味なのです。

（埼玉県 生産振興課
　　　花き・果樹・特産・水産担当 酒井　崇）

7 月13日⊕	天気		行事	
	気温	℃		

盆迎え火

7 月14日☉	天気		行事	
	気温	℃		

検疫記念日、パリ祭

シカが森の下草を減らして窒素を減らす

　農作物と同じように、森の生物にとっても窒素は必須元素です。森林では植物（樹木や下草）が土壌から窒素を吸収して成長し、枯れた葉や枝や根を土壌に供給して窒素を土壌に返すという循環ができています。この循環のおかげで肥料をやらなくても植物は育つし、窒素は植物と土壌中に貯まっており、森林の外へ流れて出ていく窒素はほとんどないと言われています。

　ところが最近、日本各地の森林でニホンジカの個体数が増え、下草が食べられて下草の量が

極端に減ってしまうことがあります。日本の森林の代表的な下草であるササ類は、比較的現存量が大きく、冬でも緑の葉をつけているので、ニホンジカにとって良い餌です。そのためニホンジカが食べてササの量が減り、さらには消失してしまうことがあります。

　ニホンジカが原因でササの減った森林を調べたところ、ササが貯めている窒素量が少ないことが分かりました。同時に土壌中の窒素の状態を調べたところ、水に溶けやすい硝酸態窒素が

7 月15日㊊	天気		行事	
	気温	℃		

◉海の日　　　　　　　　　　　　　　　　　　　　　　　　　　　　　　　　　　　　　ぼん、中元

7 月16日㊋	天気		行事	
	気温	℃		

盆送り火、国土交通デー、賽日、藪入り、閻魔詣り

多くなって、雨水とともに土壌下部に流れていく窒素量が多くなることが分かりました。

　このことから、ササによる窒素の吸収と貯蔵が減ったことで、余った窒素が雨水とともに流れるリスクが高まったと考えられます。さらに、ササの落葉の量が減ったり、質が変わったりしたことが、土壌中の窒素の状態を変えた可能性があります。ニホンジカの食害のために下草が少ない状態が続くと、条件や場所によっては、森林から窒素が失われるリスクが高まるのかも

しれません。

（国研　森林総合研究所　古澤　仁美）

7 月17日㈬	天気	行事	
	気温　　　　℃		

満月

---

7 月18日㈭	天気	行事	
	気温　　　　℃		

富士の国やまなしの逸品農産物「うんといい山梨さん」の御紹介

　山梨県は、本州のほぼ真ん中に位置し、富士山や南アルプスなどの山々に囲まれた「水と緑の宝庫」です。長い日照時間と昼夜の寒暖差の大きい気候、傾斜地や河川流域の水はけが良い土壌など、果物作りに適した環境に恵まれ、山梨の代名詞でもある生産量日本一を誇るモモ、ブドウ、スモモのほか、銘柄肉、新鮮な野菜、県オリジナルの花、清らかな水で育まれたブランド魚など優れた農畜産物が数多く生産されています。

　中でも、県が定めた信用・信頼、安全・安心に取り組む出荷団体から出荷される、高い品質基準を満たしたものだけを厳選し、消費者へお届けしているのが「富士の国やまなしの逸品農産物」です。認証された農産物は、「うんといい山梨さん」のロゴマークとともにPRしています。「うんといい」は気持ちのこもった最上級のほめ言葉です。

　「うんといい山梨さん」には、おいしい農産物を作ろうと努力をしている生産者を表す「山

7 月 19 日㊎	天気		行事
	気温	℃	

7 月 20 日㊏	天気		行事
	気温	℃	

ハンバーガーの日、勤労青少年の日

梨さん達」と山梨県産であることを表す「山梨産」の意味が込められています。また、ロゴマークの表情には、贈る人、食べた人、作った人が「うんといい山梨さん」で笑顔になるように、との願いが込められています。

　現在この「うんといい山梨さん」の認証対象となる農産物は、モモ、ブドウ6品種、スモモ4品種、柿、あんぽ柿、枯露柿、中玉トマト、甲州牛、甲州富士桜ポーク、甲斐サーモンレッド、クリスマスエリカ（花）の19品目があり、96の

出荷団体から出荷されています。この「笑顔」がトレードマークの山梨の優れものをぜひお楽しみください。

（山梨県 農政部販売・輸出支援室）

7 月21日☉	天気		行事	
	気温	℃		

7 月22日㊊	天気		行事	
	気温	℃		

中伏、下駄の日、庚申

農地環境推定システムの開発

　多くの生産者は、自分の圃場の気象に高い関心を持っていることと思います。しかし、果樹・茶等の傾斜園地や、地形が複雑な中山間地域の農地の気象は、近隣のアメダスと大きく異なる場合があります。また、気象ロボットを使い一定の精度を保った状態で気象観測を長年継続する事は困難です。これは、観測装置の保守管理には多大なコストがかかるためです。特に、重要な気象要素である気温を商用電源の無い地点において精度よく観測することは困難です。

　そこで、中山間地域等の複雑地形地において、圃場ごとの精密な気象データを推定する、農地環境推定システムを開発しました。このシステムは、アメダス等の公的データから、農地の気象（日平均気温・日最高気温・日最低気温・日相対湿度・日積算日射量・日積算蒸発散量・日積算降水量・6時間先の時別降水量）を精度よく推定し、パソコンやスマートフォン等の端末から、農業生産現場において活用できるようにしたものです。

7 月23日㊋	天気	行事	
	気温　　　　℃		

大暑、ふみの日

7 月24日㊌	天気	行事	
	気温　　　　℃		

地蔵盆

　これにより、観測装置の常設が不要となり、機械の保守点検費等を負担せずに、信頼性のあるとされる観測機器と同精度のデータが永続的に取得できます。さらに、任意の過去のデータや平年値と比較でき、過去の栽培実績と農地環境との関係を解析することが可能となります。また、気象データを農業に役立つ情報に翻訳して提供することも可能です。現在は、カンキツ園地を対象に、黒点病とチャノキイロアザミウマの適期防除に関する情報を配信しています。

　本システムは、多様な地形に圃場が存在する日本において、気象データにもとづく精密な栽培管理を露地で実現する、有効なツールになると期待しています。

（農研機構　西日本農業研究センター

植山　秀紀）

7 月 25 日㈭	天気	行事
	気温 　　　　℃	

うま味調味料の日、下弦の月

7 月 26 日㈮	天気	行事
	気温 　　　　℃	

甲子

大海

　　煮しめ風の、料理を入れる大きな塗りの蓋つきの器のことをといいます。

　　鶏肉を煮て、その出し汁で野菜を別々に煮ます。そして、「大海」の器に盛り合わせます。

　　その料理は、亭主がそれぞれの小皿に取り分けて客にすすめ、何回お代わりしても良いという言い伝えがあります。新潟県の村上市では、お正月、お祭り等の行事によく作られる代表的な郷土料理です。

〔材料〕
鶏肉…200g　たけのこ…200g　干し椎茸…5〜6枚　糸こんにゃく…2袋（400g）
長ねぎ（中）…2本
◆調味料
だし汁（昆布醤油）…2カップ　水…2.5カップ
砂糖、酒…大さじ1　塩…小さじ1
【下準備】
①調味料を全部混ぜ、鍋に入れておく。
②糸こんにゃくは茹でて、2〜3箇所を切って

| 7 月27日㊏ | 天気 | 行事 |
| | 気温　　　　℃ | |

土用の丑の日

| 7 月28日㊐ | 天気 | 行事 |
| | 気温　　　　℃ | |

おく。
③干し椎茸はもどして千切りに、たけのこは薄
　い拍子切りにしておく。
④長ねぎは5mmに切って塩ゆでにしておく。鶏
　肉はそぎ切りにする。
【作り方】
①準備した調味料を煮立たせる。
②①の調味料で鶏肉を煮て皿にとる。その汁で
　椎茸を煮て皿にとる。
③②の汁でたけのこを煮て皿にとり、糸こんに

ゃくをその汁に浸ける。
④大海の器に糸こんにゃくをこんもりと盛り、
　椎茸、たけのこ、鶏肉を形よく盛り、長ねぎ
　を揃えて手前によそい、汁を注ぐ。

　※食材は、3・5・7品というように奇数に
する。

（新潟県村上市　本間　キト）

7 月29日㈪	天気 ・	行事
	気温　　　℃	

アマチュア無線の日

7 月30日㈫	天気	行事
	気温　　　℃	

梅干の日、プロレス記念日

海の日

海の日に合わせたように梅雨明ける　山長　岳人

　海の日が祝日となったのは平成8（1996）年。当初は7月20日と決められたが、これは、明治9（1876）年7月に明治天皇が東北巡幸の帰途、北海道の函館に行幸され、ここから横浜に汽船で帰港した事に由来する。

　汽船での旅を無事終えたことで、汽船の安全性に対する認識が深まり、海運や船旅が盛んになる契機になったとされる。

海の日のパレード海峡が狭く見え　北野　天人

海の日の鎮魂の凪風に乗れ　　　斉藤　みよ子

　海のある街などでは、海の日を記念した催しが行なわれているが、海に関わりのないところでは、海の日や山の日（8月11日）などの祝日が生活から遠く、今日は何の祝日だろうと、それが話題になったりする。

山の日ができ海の日もホッとする　安藤　紀楽

　平成12（2000）年に施工された改正祝日法に導入されたのが「ハッピーマンデー」。成人の日、海の日、敬老の日、体育の日をそれぞれ特定の

7 月31日㈬	天気		行事
	気温	℃	

己巳

雑学スクール

★覚えているけど思い出せない

　高齢になって物覚えが悪くなったという人に聞いてみると、思い出せなくなったに過ぎないという場合が多いです。例えば昨日あった人の名前が出てこないという人に、「○○さんでしょ」と言うと、「ああ、そうだ」となります。覚えているけれど思い出せないということです。

　これは、私たちが「思い出す」という訓練をめったにしないことから起こります。

　脳には、使う回路は強化され、使わない回路は弱まり、さらに消えていくという法則があります。だから「思い出す」という努力をしないと、思い出すことに使う回路が弱まっていくのです。日ごろからタレントの顔を見て名前を思い出す練習をすることは、脳の回路を強化して、前頭葉の訓練をしているのだと意識することが大切です。

参考資料：
「ボケない人になる23の方法」
高田明和、中経文庫

月曜日と定め、3連休にすること。以来、海の日は毎年のように日付が動いている。昨年は7月16日（月）、今年は7月15日（月）となる。

海と山次の祝日空の日か　　　　渋谷　博

　来年のオリンピックは7月24日（金）が開会式、8月9日（日）が閉会式。7月20日（月）になる海の日は、開会式前日の23日（木）にする事が決まっている。五輪開催による首都圏の交通混雑緩和の為で、閉会式の翌日の8月10日を山の日とする事になっている。

亡父の抜き手私の抜き手海の日よ　安野　栄子

　「歴史の重さを踏まえて海の日を7月20日に戻すべし」との意見と「固定化は観光先進国の実現、地方創生に逆行しかねない」との意見がぶつかりあっている。2021年以降の取扱いを巡り海の日は台風の目になりそう。

海の日の凪の青さを焼き付ける　田村　志げを

（NHK学園川柳講師　橋爪まさのり）

いぶし銀の車メーカー　★いすず自動車

　1930年代から四輪自動車を生産しているメーカーで、「いすゞ」の名は伊勢神宮の境内に沿って流れる五十鈴川に由来します。

　第2次世界大戦後は、トラック・バスなど、大型ディーゼル車両の生産で日本を代表するメーカーになり、1953年以降は乗用車生産にも進出。かつてはトヨタ自動車、日産自動車とともに日本自動車業界の御三家ともいわれました。

　なかでも「いすず117クーペ」「ピアッツア」は他の自動車メーカーでは産み出すことができない独特のフォルムと存在感で、いまだに多くのファンから高い評価を得ています。

　ところが販売面からみると、乗用車部門は長らく不振が続き、2002年9月に乗用車部門から撤退をしました。

　一方、看板商品であるトラック「エルフ」は小型トラック市場の4割のシェアを誇っており、いすずの優れたディーゼルエンジンの素晴らしさ、レベルの高さを体現しています。

　筆者もかつてエルフの2tトラック（コラムシフト）を運転したことがありますが、低速でもトルクがでて、安定した走りであったと記憶しています。

忘れられない名車・いすず117クーペ

　1968年から1981年まで生産されたいすず自動車を代表するクーペ。生産終了から40年近くたったいまでも街中で目にすることがあり、その流麗なボディーは人々を惹きつけます。

　伝説的なカーデザイナー、イタリア人のジウジアーロが担当し、1970年代の日本車を代表する傑作の1つに数えられます。技術的にも日本初の電子制御燃料噴射装置を搭載、内装に木を取り入れるなど革新的な車でした。

参考資料：Wikipedia

いぶし銀の車メーカー　★スバル（富士重工業）

　群馬県の中島飛行機が、戦後GHQによって財閥解体され、新たに生まれたのが富士重工業のルーツです。

　昭和33年発売の軽乗用車「スバル360」と商業車「サンバー」がヒットしたことで、自動車メーカーとしての地位を確立。

　スバルは独自性を追究する志向が強く、四輪駆動車と水平対向エンジンがその典型です（現在、水平対向エンジンは富士重工業とポルシェのみ）。そのため、スバルをこよなく愛するスバリストと呼ばれる熱心なファンが世界中にいます。

　スバルの四輪駆動車はセダン・ワゴンの外見でありながら、優れた悪路走破性を持っているので、降雪地域のユーザーなどから高い評価を得て、1980年代からはよりオフロード色が強まりました。

　近年、北米市場で、悪路走破性と衝突安全性の面から評価が高く、北米で販売台数を急速に伸ばしています。

忘れられない名車・インプレッサ

　インプレッサはいま人気車種になっていますが、1990年代初期の発売当初は、スタイルがへんてこりんで、あまり人気がありませんでした。ところが、実際に乗って使ってみると、地味だけどすごくしっくりくる、運転者の気持ちがストレートに車に通じるといった評判が浸透し、じわりじわりと販売を伸ばしていった、珍しいパターンの車です。

　90年代後半には、トヨタやニッサン等に比べて販売力が弱く宣伝予算も少ないはずのスバルが、このインプレッサを月に4,000台以上も売るようになり、自動車業界を驚かせました。また、ラリーにも強く、モンテカルロ・ラリーで優勝もしています。

参考資料：Wikipedia

— 140 —

8月 August

竿　燈
(秋田県秋田市)

●節気・行事●

広島平和記念日	6日
立　　　秋	8日
長崎原爆の日	9日
山　の　日	11日
旧　ぼ　ん	15日
月遅れぼん	15日
終戦記念日	15日
処　　　暑	23日

●月　　相●

○満　　月	15日
●新　　月	1日
	30日

8月の花き・園芸作業等

花　き

　パンジー、デージーの播種。キク福助作りのための挿し木とわい化剤処理。花壇、鉢植え、庭木への追肥。サルビア、マリーゴールド、コスモス、ダリアなど花壇草花の切り戻しと挿し木。秋バラのための夏剪定。庭木、鉢物の台風対策。

野　菜

　ダイコン、20日ダイコン、カブ、早生菜類、チシャ、ミツバの播種。セルリ、チシャの定植。菜類、ダイコンの間引き。キュウリ、ナス、ホウレン草、スイカ、ネギ、キャベツ、ショウガの収穫。ダイコン類、菜類、ネギ類、ニンジンの病害虫防除。

果　樹

　ナシ、モモ、ウメ、ミカン、リンゴの芽接ぎ。リンゴ、ナシの袋はぎ。ミカン、カキの追肥、灌水。ビワの播種。早生ナシ、早生リンゴ、モモ、ブドウ、カキ、リンゴの病害虫防除。果樹園の除草。

8月 暦と行事予定表

	節 気 ・ 行 事	予　　　　定
1 (木)	水の日、観光の日、新月	
2 (金)	カレーうどんの日	
3 (土)	鋏の日	
4 (日)	箸の日	
5 (月)	タクシーの日	
6 (火)	広島平和記念日	
7 (水)	旧七夕、鼻の日	
8 (木)	立秋、算盤の日、パチンコの日、上弦の月	
9 (金)	長崎原爆の日	
10 (土)	帽子の日、道の日	
11 (日)	山の日、末伏	
12 (月)	振替休日	
13 (火)	月遅れ盆迎え火	
14 (水)		
15 (木)	月遅れ盆、終戦記念日、全国戦没者追悼式、旧盆、満月	
16 (金)	月遅れ盆送り火	
17 (土)	パイナップルの日	
18 (日)	米の日、ビーフンの日	
19 (月)	俳句の日	
20 (火)	交通信号の日	
21 (水)		
22 (木)	チンチン電車の日	
23 (金)	処暑、下弦の月	
24 (土)		
25 (日)	即席ラーメン記念日、東京国際空港開港記念日	
26 (月)		
27 (火)		
28 (水)	民放テレビスタートの日	
29 (木)	焼き肉の日	
30 (金)	富士山測候所記念日、冒険家の日、新月	
31 (土)	野菜の日、二日炙	

— 142 —

じかまきと移植栽培

8月の野菜づくり

じかまきは、直接畑にタネをまいて、その場で収穫する方法です。生育期間の短いコマツナ、ホウレンソウなどは移植の手間がかかってしまうので、普通じかまきします。

移植栽培は育苗箱やポットに種をまいて苗をつくり、1人前の苗になってから畑に植える方法です。果菜類やキャベツなど生育期間が長い野菜に適しています。

【じかまき】

ダイコンやニンジンなどの直根類は、移植すると必ずまた根になってしまうため、じかまきをします。ハクサイは移植栽培が一般的ですが、直根性なのでじかまきが育てやすいでしょう。

ばらまき タマネギ、ネギの苗床やコマツナ、ホウレンソウなど生育期間の短い野菜に適します。

すじまき まき溝に1列にまく方法で、間引き、中耕、土寄せなどの作業がしやすい方法です。

点まき うね上の一定間隔に、1箇所数粒ずつまく方法で、ダイコン、ハクサイ、エンドウなど1株が大きくなる野菜に向きます。

【移植栽培】

ポットやセルトレイに種をまいて苗をつくり、1人前の苗になってから畑に植える方法です。果菜類やキャベツなど生育期間が長い野菜に適しています。畑の一部に苗床を作って苗づくりをすることもできますが、自給菜園で少量の苗づくりではポットを使うのがよいでしょう。

容器の種類 ポットは直径9〜15cmのポリエチレン製のもので、育苗期間が長く、大苗となるナス、トマトには大きい鉢が適しています。セルトレイは硬質プラスチック製で、大きさは、縦25〜30cm、横50〜60cm、穴数が100前後のものが使い勝手がよいでしょう。

（神奈川県種苗協同組合　成松　次郎）

全種目にエントリーした女子選手

オリンピックこぼれ話

1928年、アムステルダムオリンピックに出場して、なんと女子の個人種目すべてにエントリー。800メートル走では日本人女性初の五輪メダリストとなったのが、日本女子アスリートの先駆けとなった人見絹枝さんです。

アムステルダム五輪は初めて女子の参加が認められた大会で、日本人女子で出場したのは彼女ただ1人だけでした。

女学校時代、テニス選手として活躍していた彼女は、体操教師になってからは次々と陸上競技会に参加し、優秀な成績を残します。

1926年、大阪毎日新聞社に入社してからは、砲丸投げ、走り幅跳びなどで日本記録を叩きだし、さらに第2回万国女子陸上競技大会の走り幅跳びでは、世界記録で優勝しています。このほかにも200メートル走と立ち幅跳びで、非公認ながら世界最高を記録したほか、100メートル走では当時の世界タイを記録しました。

こうして迎えた第9回オリンピック・アムステルダム大会では、なんと100メートル走、800メートル走、円盤投げ、走り高跳びと、女子個人の全種目にエントリー。

ところが本命の100m走では本領を発揮できず、まだ挑戦したことのない800m走にすべてを賭けることに。

人見はスタートと同時にトップに躍り出ますが、途中でずるずると後退。しかし持ち前のガッツで巻き返して、ラストは見事2着でゴールイン。この瞬間に、日本人女性初のメダリストが誕生したのです。

これ以降は新聞記者としての仕事をつづけながら、陸上競技にも情熱を燃やし続けました。

ところが、オリンピックから3年後の1931年、人見絹枝は肺結核で急逝。まだ24歳という若さでこの世を去っています。

8 月 1 日㊍	天気		行事	
	気温	℃		

水の日、観光の日、新月

8 月 2 日㊎	天気		行事	
	気温	℃		

カレーうどんの日

夏祭り

　元来、祭といえば5月15日の京都・賀茂祭を指していたが、夏に行われる著名な祭を除いて、夏に行われる一般の祭をいうようになった。

御輿ワッショイどの子も影のない笑顔　金岡　蓉子
まつり笛午後の授業が落ちつかぬ　水谷　一舟

　各社寺のそれぞれの神や佛、祖霊などに奉仕して慰舞、鎮魂、感謝、祈願などをする。長い歴史を踏まえた祭りもあれば、団地や市街地が形成される中で生まれた夏祭りもある。宵宮、本祭、後祭などに御輿や、屋台などが地域に出て、暮らしを見ていただくと同時に、豊作や豊漁、平穏を祈る。祭り期間は境内を中心に出店でにぎわう。

神様は喧嘩が好きな夏祭り　　　高橋　散二
担ぎ手の誇りで屋台宙に舞う　　加藤　やす子

　御輿や屋台同士がぶつかり合う、あるいは激しく揺する、川や海を渡るなど荒っぽい祭りがある。手荒な処置が神様のエネルギーを振るいおこす事になるという。屋台や山車についても同様ないわれをもつものが多い。

8 月 3 日㊏	天気	行事
	気温　　　　℃	

鋏の日

8 月 4 日㊐	天気	行事
	気温　　　　℃	

箸の日

半分は老人ばかり夏祭り　　　　吉村　雄大
帰省する子等待つ過疎の村祭り　　小のアメイ
　人口減少と高齢化が進むなかで、伝統ある祭りが絶えてしまったところもある。後継者不足で将来が霞んでいる地域もある。高齢者が主体でも、祭りのために帰省する人達のおかげで祭りを催せるところは、ありがたいというべきだろう。祭り文化は危機の時代だ。
神様の分家団地の夏祭り　　　　　西野　六歩

人間の都合祭りが日曜日　　　　　入江　静子
　祭りの日には、いわくがあるが、神様の都合でなく人間の都合で祭りの日も変更する時代である。祭りを実行する人達を集めねばならない。かつては、地域挙げての祭りの観があったが、関係者以外は特別な感慨もなく祭りを迎え、送っているのではないだろうか。
日本のしあわせここも夏祭り　　　高木　松風

（NHK学園川柳講師　橋爪まさのり）

8 月 5 日㊊	天気		行事	
	気温	℃		

タクシーの日

8 月 6 日㊋	天気		行事	
	気温	℃		

広島平和記念日

タラの山菜漬け　～山の幸と海の幸がマッチ～

　生のタラは塩漬けにして、日本海から阿賀野川経由でタラ漬け発祥の地である喜多方市（旧塩川町）に運ばれました。

　新潟県から行商人が会津を訪れ、売りさばいていたこともあったそうです。

　棒タラは魚屋の店先につるされるなど、歴史と伝統が育んだ郷土食も時代とともに変化しています。今日では手軽な加工済みの「つまみタラ」が主流となっています。

　物流や生活様式の変化は、日に日に移り変わ

っていきます。

　タラはカルシウム分などを豊富に含んでいる海鮮類で、山菜と同時に味わえる料理は、先人から継承した生活の知恵です。

　山菜漬けの材料は、つまみタラ、ウド、シメジ、ワラビ、タケノコ、ニンジン、ショウガです。調味料として甘酢と醤油少々を混ぜておきます。

　山菜と野菜は器に山盛りにして、その上につまみタラを見栄え良く乗せます。そこに、さき

8 月 7 日㊌	天気		行事	
	気温	℃		

鼻の日、旧七夕

8 月 8 日㊍	天気		行事	
	気温	℃		

立秋、算盤の日、パチンコの日、上弦の月

ほどの調味料をぐるっとかけます。
　つまみタラは繊維質も豊富で低カロリーなので、現代人にはもってこいのヘルシーな料理といえます。
　最近では栽培が盛んになってきたアスパラガスやセロリとつまみタラの甘酢漬けもあります。

【お問い合わせ先】
〒960-0102
福島市鎌田字樋口15-7
（福島農林統計OB会　事務局長　平田　保）

8 月 9 日㊎	天気	行事	
	気温　　　　℃		

長崎原爆の日

8 月 10 日㊏	天気	行事	
	気温　　　　℃		

帽子の日、道の日

粘質ほ場に1／500傾斜を付けて排水性を高める

　水田転換した畑ほ場でのキャベツ栽培では、作土水分を適切に保つことが重要となります。しかし、水田転換ほ場は、粘土分を多く含むため水が溜まりやすく、作土の水分過多による根腐れ症状等の湿害が発生し、生産が安定しません。このため、粘質ほ場にレーザーレベラーを使用して（写真）、1／500と緩やかな傾斜を付け、地表排水を促すことで、キャベツの湿害を軽減し増収できる技術を開発しました。

　傾斜が100m進んで20cm下降に相当する1／500（0.2％）勾配をほ場に付与すると、降雨直後から地表水は傾斜に沿って低い方に流れ、ほ場外に排出できました。作土水分および地下水位は、降雨後の傾斜付与ほ場では傾斜を付けない均平ほ場と比べて低く推移し、キャベツに湿害をもたらす過剰水が早く排出することがわかりました。キャベツの結球重量は、傾斜付与ほ場が均平ほ場よりも約2割増収しました。

　なお、傾斜を付けた粘質の水田転換ほ場では、傾斜の低い方に降雨後の地表水が集まるので、

— 148 —

8月11日(日)	天気	行事
	気温　℃	

山の日　　　　　　　　　　　　　　　　　　　　　　　　　　　　　　　　　　末伏

8月12日(月)	天気	行事
	気温　℃	

振替休日

その先に簡易な明渠も必要です。また、ほ場周りには額縁明渠を併せて設置することで、高い地表排水効果を発揮することができます。

写真　レーザーレベラーによる傾斜施工
（短時間で高精度に施工可能）

（広島県立総合技術研究所
　　　農業技術センター　國田　丙午）

8 月13日㊋	天気		行事	
	気温	℃		

月遅れ盆迎え火

---

8 月14日㊌	天気		行事	
	気温	℃		

糖質制限で脚光を浴びるアンダーカシ

　近年関心を集めているのが「糖質制限ダイエット」で、炭水化物はできるだけ控えて、その代わりたんぱく質や脂肪は充分摂るというその食事法は、テレビや雑誌でも度々取り上げられています。そんな中、このところ一躍有名になったのが「アンダーカシ」という沖縄の食品です。沖縄方言で「アンダー」は油、「カシ」はカスのことですから、直訳すれば「油かす」。でも、本土でいう「天かす」と違って、アンダーカシの見た目は鶏皮の揚げ物そっくりです。

　そもそも、アンダーカシはラードを作った後の副産物で、メインはあくまでもラード。

　わざわざアンダーカシを作る目的で豚の背油を熱したりはしないのです。

　大きな鍋に背油と水を入れて煮込むと、どんどんラードが溶け出し、逆に水は蒸発して、水が完全に蒸発したらラードの出来上がりです。その時、ラードと共に鍋に残っているのがアンダーカシ。この油かすに塩をふって、お菓子のように食べるのが沖縄流です。

8 月15日㊍	天気		行事
	気温	℃	

月遅れ盆、終戦記念日、全国戦没者追悼式、旧盆、満月

8 月16日㊎	天気		行事
	気温	℃	

月遅れ盆送り火

　一番人気のあるのは、サクサクしたアンダーカシをビールのお供に一杯やることで、カレーやBBQなどのスパイスを振り掛ければ、飽きずに食べることができます。

　これまではローカルスナックとして目立たない存在だったアンダーカシにスポットが当たったのはごく最近のこと。

　肉（MEAT）、卵（EGGS）、チーズ（CHEESE）の3つの食品をたっぷり食べ、30回かむというMEC食が普及するとともに、ア

ンダーカシも絶好の低糖質食として注目を集めました。

　背油を自宅で加工するのが難しい場合は鶏皮でも代用できますので、一度そのカリカリ、サクサクの食感を試してみてはいかがでしょう。

（沖縄県うまいもの同好会）

8 月 17 日㊏	天気		行事
	気温	℃	

パイナップルの日

8 月 18 日㊐	天気		行事
	気温	℃	

米の日、ビーフンの日

お盆　夏期最大の年中行事にして、こころの故郷

　日本において、冬の最大行事が正月ならば、夏のそれはお盆ではないでしょうか。

　ともに長期の休みが用意され、日頃は都会で働く人びとも、故郷へと大移動を始めます。

　ご先祖の御霊を迎える『迎え火』とともに始まる夏の年中行事、「お盆」とは、正しくは『盂蘭盆会』と言って、サンスクリット語（古代インドの言葉）で逆さ吊りにされた飢えと渇きを表す『烏藍婆拏』に由来するとされています。

　釈迦の弟子である目蓮は、亡き母が餓鬼道に落ち、飢えと渇きに苦しんでいることを知ります。お釈迦様に相談したところ、「夏の修業の最終日に、僧侶達に食べ物を施しなさい」と教えられます。この施しで目蓮の母親は救われ、供物を捧げて7世の先祖を供養しました。これが盂蘭盆会の始まりとされ、7月15日に行われる地域もあります。

　お盆を楽しいものにする『盆踊り』も、この時期の行われるものですが、なぜ踊るのかにつ

8 月19日㈪	天気		行事	
	気温	℃		

俳句の日

---

8 月20日㈫	天気		行事	
	気温	℃		

交通信号の日

いては、いくつか説があるようです。

　一つは、母親を救えたうれしさで〝目蓮がうれしさのあまり飛び跳ねた〟という故事をなぞったというもの。もう一つは、平安時代中期の僧で、踊ることで煩悩から解脱することを目指す空也上人の『念仏踊り』が由来というものです。踊ることで神を呼び込み、豊作を祈ったものだという人もいます。

　家族との久々と再会や盆踊りでの楽しいひとときも、15日もしくは16日には終わり、キュウ

リで作られた早馬でつのる思いとともに帰っていらした先祖の御霊は、ナスで作られた牛に乗り、『送り火』とともにゆっくりと黄泉の国へと帰っていきます。

（千羽 ひとみ）

| 8 月 21 日㈬ | 天気 | 行事 |
| | 気温　　　　℃ | |

| 8 月 22 日㈭ | 天気 | 行事 |
| | 気温　　　　℃ | |

チンチン電車の日

高級かんきつ３兄弟　〜飲むゼリーで通年あなたの側に〜

　全国有数のかんきつ産地である愛媛県。
　かんきつと聞くと「コタツにみかん」のイメージから冬を連想する方も多いはずです。魅力いっぱいのかんきつを年間通じて楽しんでもらいたい…。そんな思いからJAえひめ中央では飲むゼリーやカップゼリーの原料にJA管内産のかんきつを使用し、旬以外にもおいしく手軽に味わえる工夫をしています。JA管内の代表的な高級かんきつに「紅まどんな」「せとか」「甘平」があります。「紅まどんな」はプリッとし

た食感と糖度の高さから、全国にファンが多く、JAえひめ中央飲むゼリー「愛媛の果実シリーズ」に大抜擢！「紅まどんな®入り飲むゼリー」として平成26年度に発売がスタートしました。パッケージには、小説「坊っちゃん」に登場するマドンナをイメージしたイラストを加え、地元の魅力を詰め込んでいます。その2年後、平成28年度に生まれたのが次男の「せとか入り飲むゼリー」です。「かんきつの王様」と呼ばれるほどの、香りの良さと濃厚な味の持ち主で、

－ 154 －

8 月 23 日㈮	天気		行事	
	気温	℃		

処暑、下弦の月

8 月 24 日㈯	天気		行事	
	気温	℃		

「せとか」本来の味わいを生かすため、3年ほどの月日をかけて飲むゼリーで再現しました。三男「甘平入り飲むゼリー」の登場は平成30年の2月、生まれたてほやほやの末っ子です。愛媛県のみで生産される希少な「甘平」は、生果では口にすることがまだまだ珍しいかんきつで、開発者の「この美味しさをゼリーで、気軽にいつでも味わってもらいたい」との想いから生まれました。三者三様の魅力を詰め込んだゼリーに仕上がっていますので、ぜひ食べ比べをして、

あなたのお気に入りをみつけてくださいね。

【お問い合わせ先】
　各種飲むゼリーの詳しいお問い合わせは、
ＪＡえひめ中央加工部加工販売課まで
　℡089-982-0235
　　　　　　（ＪＡえひめ中央　清家　璃奈）

8 月25日🈰	天気	行事
	気温　　　　℃	

即席ラーメン記念日、東京国際空港開港記念日

8 月26日㈪	天気	行事
	気温　　　　℃	

温州ミカンと健康について　～β-クリプトキサンチンの効果～

　温州ミカン（以下、ミカン）は日本の冬を代表する馴染み深い果物の一つである。しかしながら、ミカンの国民1人当たりの消費量は、生産量が最盛期の1970年代に比べると5分の1ほどまでに減少している。

　ミカンには、エネルギー源となる糖質の他、ビタミン・ミネラル・食物繊維が豊富に含まれており、昔から風邪の予防に良いといわれている。近年では、それらの栄養成分だけではなく、「β-クリプトキサンチン（β-CRX）」という

ミカンに特徴的に多い機能性成分が含まれており、様々な生活習慣病の予防に有効であることが明らかになりつつある。

　当研究機構では、ミカン産地の住民約1,000名を対象にした栄養疫学調査を10年間にわたり行った。その結果から、ミカンをたくさん食べている人では血液中のβ-CRX濃度が高く、①骨粗しょう症、②糖尿病、③動脈硬化症、④肝機能異常症、⑤脂質代謝異常症等の発症リスクが有意に低くなっていることがわかった。

8 月27日㊋	天気	行事	
	気温　　　　℃		

8 月28日㊌	天気	行事	
	気温　　　　℃		民放テレビスタートの日

　特に、β-ＣＲＸと骨密度との関係について、閉経後の女性を対象に詳細な調査を行ったところ、毎日ミカンを3、4個以上食べて血液中のβ-ＣＲＸ濃度が高い人ほど骨密度が高いという結果となった。また、ミカンは骨を壊す「破骨細胞」の働きを抑えることで骨密度低下のリスクを減らすため、骨粗しょう症を予防する効果が期待できる。

　このように、ミカンは日頃から摂取することで様々な健康効果が得られる可能性を秘めた果物である。このことを広く認識してもらい、1人でも多くの人に手に取ってもらいたいと思う。

（農研機構　果樹茶業研究部門

久永　絢美）

8 月29日㊍	天気	行事
	気温　　　　　℃	

焼き肉の日

8 月30日㊎	天気	行事
	気温　　　　　℃	

富士山測候所記念日、冒険家の日、新月

どじょう汁　～夏バテ防止のスタミナ食～

　田植え前の川ざらいの時や、田植えの後に川やため池からすくってきたどじょうと野菜、うどんを大鍋で煮て作ります。どじょう汁は夏バテ防止のスタミナ料理として集落の共同作業や寄り合いごとに今も食されています。

【材料4人分】
〈どじょうの下処理〉
どじょう：200ｇ、塩：小さじ1、酒：50cc

ゴボウ：1／4本　ナス：2個
木綿豆腐：1／2丁　サトイモ：4個
長ネギ：1／2本　ニンジン：1／2本
油あげ：1枚　水：1.2ℓ
打ち込み用うどん：4人分　みそ：45～50ｇ
酒：50cc　薬味：適宜

【作り方】
①どじょうの下処理をする。どじょうを深目のボウルかバケツに入れ、塩、酒をふりかけ、

－ 158 －

8 月 31 日 ㊏	天気	行事
	気温　　　℃	

野菜の日、二日灸

雑学スクール

★画像は右脳、言葉は左脳で記憶される

　私たちは名前を聞くと顔を思い出すことは、比較的簡単です。長嶋茂雄とか和田アキ子という名前を聞いて、たいていの人はこの人たちの顔を思い出すでしょう。しかし、逆は案外大変です。多くの場合、顔から名前が浮かばないのが普通です。「ほら、なんて言ったっけ。ここまでで出てきているんだけれど…」ということがあります。

　なぜこのようなことが起こるのでしょうか？　実は言葉と画像は左右別の脳で処理されることが多いからです。

　言葉は左脳が得意で、顔の認識は右脳が得意です。名前を言われたときにこの情報を右脳に送り、顔のファイルの中からその名前の顔を引き出すことは、それほど難しくありません。しかし逆に顔を見せて名前を引き出すのは困難なのです。

参考資料：
「ボケない人になる23の方法」
高田明和、中経文庫

ふたをしてしばらくおく。どじょうがほんのり赤くなり、跳ねなくなると、ぬめりがなくなるまで塩もみし（分量外）、よく洗う。
②ゴボウはささがきにし、ナスはどじょうと同じ大きさに切り、水につけてあく抜きをする。豆腐とサトイモは一口大に切り、長ネギは3cmに切る。ニンジン、油あげは短冊に切る。
③鍋に水を入れ、火にかける。サトイモを入れ、沸騰したら油あげ、ナスを入れ、7分どおり煮えたら、どじょうを入れる。どじょうが浮

き上がってきたら、粉をしっかりふるい落としたうどんをさばきながら入れ、軽く混ぜる。
④うどんが煮あがるとニンジン、豆腐、ゴボウ、長ネギを入れ、みそと酒で味を調え、椀にそそぐ。好みの薬味を加えていただく。

　※通常のうどんを用いる時は、塩分が含まれているので、みその分量を減らし、加減しながら入れてください。

（香川県農業協同組合）

欧米と比べてみると　★家族構成

　欧米など先進国では、押しなべて人口増加が頭打ち傾向にあり、また１世帯当たりの家族数も減少しています。

　例えば、ヨーロッパでみると、１世帯の家族数が多いのはスペインで3.5人です。次いでポルトガルの3.3人、ギリシャ3.0人などです。他の西ヨーロッパの国々をみてみると、ノルウェー、英国がともに2.7人、フランス2.6人、ドイツ2.3人、スェーデンにいたってはわずか2.0人です。ちなみに日本は2.7人です。ふだん私たちが頭で考えている人数よりずいぶん少ないので、驚かされます。

　どうしてスペインやポルトガルで家族数が多いのかというと、理由の一つは、カトリックの国では一般的に家族人数が多く、長い間子供たちは親や祖父母と一緒に過ごし、家の仕事を手伝う傾向が強いのです。反対にプロテスタントの国々では、子供たちは学校を卒業すると、より高度な高等教育を受けるために家を離れ、あるいは就職、仕事の専門的な訓練のために家を出る率が高いのです。

　これは年長者においても同様で、カトリックの国では高齢者を家族で養い、世話をすることが多いのですが、プロテスタントの国の高齢者は、老人ホームやコミュニティで晩年を過ごすケースが多くみられます。

　それでは、家の中で家族１人に与えられるスペースはどうでしょうか。アメリカ、英国、スイスは家族数が少なく、しかも１人当たりのスペースが広い御三家です。１室あたりの人数は0.6人で、おおよそ１人で２室を持っていることになります。日本は１室あたりの人数が0.9人で、欧米と比べて、少し見劣りする結果となっています。

　また日本だけについてみると、欧米諸国と比べて４人家族の割合が最も高く、二人家族が少ない特徴があります。

欧米と比べてみると　★持ち家率の比較

　かつてアメリカの若いカップルは、いつの日か自分たちの家を持つことを夢みていました。ところが昨今、彼らの価値観は変わりました。土地は値上がりし、資産税も上がったため、アパートや貸家に住む傾向が目立つようになってきました。この傾向は日本も同様です。

　現在、アメリカの持ち家率は歴史的な低さを記録、2016年で62・９％まで下がっています。主な理由は、若者世代の持ち家率の大幅な低下です。

　他の国はどうなのでしょうか。国別の持ち家率の割合をランキングで見ると、１位はブルガリアとリトアニアの97％で、２位はハンガリーの92％、そしてシンガポールの90％というように続きます。日本はどうかというと、21位の60％ということです。

　そして、ＥＵの中で最も固い経済基盤を持つドイツは25位、42％しかありません。ブルガリアやハンガリーなどの東欧では、自分で家を購入することもありますが、親が不動産を子供に残してあげることが多いので、持ち家比率を高める要因になります。

　アメリカがランキングで日本よりも上にいるのは、彼の地は広大な土地があるので地代が安く、結果として自分の財産にはならない賃貸を借りるよりも、住宅ローンを支払っても、自分の家を持とうとするからだと考えられます。

　対照的に、持ち家率の低いドイツは、賃貸に対する補助政策を積極的に行い、賃貸のデメリットをカバーしてきたためです。あえて家を購入しなくても良い住環境をつくることができました。

9月 September

おわら風の盆
(富山市八尾町)

●節気・行事●

二百十日	1日
白　　露	8日
二百廿日	11日
十 五 夜	13日
敬 老 の 日	16日
彼 岸 入 り	20日
秋 分 の 日	23日
彼 岸 明 け	26日
社　　日	28日

●月　　相●

○満　　月　14日
●新　　月　29日

9月の花き・園芸作業等

花　　き

アイスランドポピー、ワスレナグサ、パンジー、ロベリアなど秋播き一年草の播種。テッポウユリ、スカシユリ、グラジオラスなど春植え球根の堀上げ。サボテンの接木。シャクナゲ、ボタンの株分けと植替え。常緑樹の移植。ユキヤナギ、シモツケ、アジサイなど灌木類の株分け。

野　　菜

ダイコン、ハクサイ、ホウレンソウの間引き、中耕、追肥。キャベツ、ハクサイの定植。ネギの土寄せ。ナス、フジマメ、ハス、ダイコン、ハクサイ、菜類、カブ、キャベツ、タマネギ、ゴボウ、ホウレンソウの収穫。果菜類作付跡地の耕起。

果　　樹

ナシの施肥。リンゴの袋はぎ。ナシの芽接ぎ。ミカン、ナシの病害虫防除。ナシ、カキ、クリの収穫。

9月 暦と行事予定表

	節 気 ・ 行 事	予　　　　定
1 （日）	二百十日、関東大震災の日、防災の日	
2 （月）	宝くじの日	
3 （火）	ベッドの日	
4 （水）	串の日	
5 （木）		
6 （金）	鹿児島黒牛・黒豚の日、上弦の月	
7 （土）		
8 （日）	白露、サンフランシスコ平和条約調印記念日、桑の日	
9 （月）	重陽、救急の日、食べものを大切にする日	
10 （火）	下水道の日	
11 （水）	二百廿日	
12 （木）	水路記念日、宇宙の日	
13 （金）	十五夜、世界の法の日	
14 （土）	満月	
15 （日）	老人の日、老人週間（21日まで）	
16 （月）	▮敬老の日、オゾン層保護のための国際デー	
17 （火）		
18 （水）	かいわれ大根の日	
19 （木）		
20 （金）	彼岸入り、動物愛護週間（26日まで）空の日、庚申	
21 （土）	秋の全国交通安全運動（30日まで）	
22 （日）	テニスの日、下弦の月	
23 （月）	▮秋分の日、秋分、彼岸中日、	
24 （火）	甲子、結核予防週間、畳の日	
25 （水）		
26 （木）	彼岸明け	
27 （金）	世界観光の日	
28 （土）	社日	
29 （日）	クリーニングの日、己巳、新月	
30 （月）	くるみの日	

ポリマルチとべたがけ

9月の野菜づくり

ポリマルチとべたがけは、手軽で安価な資材で、野菜の生育に大きな効果を示します。

★ポリマルチの効果と資材

冬に透明フィルムを張ると地温が上がり、夏に光を反射する白色フィルムを使うと地温が下ります。また、雨によって肥料が流れ出ることや土が固く締まることを防ぎ、黒色フィルムは土の表面に光が当たらないため、雑草が生えません。

種類は、色、穴あきの有無など多種類の規格があり、幅は床幅に両側の裾を埋める分を加えたものを選びます。

★ポリマルチの方法

マルチをすると雨水が土に入りにくくなるので、土に湿り気があるときに張ります。ポリマルチをピンと張るコツは、ベッドを中高に作り、凹凸のないようよく均しておきます。次に、ポリマルチの両裾の部分をそれぞれ10cm程度土に埋め、風ではがされないよう、しっかりと踏みしめておきます。

★べたがけの効果と資材

透光性と通気性のよい資材で野菜に直接被覆して栽培する方法です。ホウレンソウ、コマツナなどでは、発芽促進、防虫、保温による成長促進、エダマメ、スイートコーンなどでは種まき後の鳥害防止にも効果的です。

長繊維不織布（パスライト、パオパオなど）は安価で手軽に使えます。資材の幅は、床幅に資材を押さえる幅30cm程度を加えます。

★べたがけの方法

資材を直接地面や野菜の上を覆います。種まき後にべたがけする時は、地面に密着させ、両裾部分を押さえ具で止めたり、通路の土をかけて押さえます。野菜の生長によりべたがけ資材が盛り上がってきたときは、裾部分をゆるめて止め直します。

（神奈川県種苗協同組合　成松　次郎）

世界最速の記録を作った日本人

オリンピックこぼれ話

かつて日本に「暁の超特急」と呼ばれた伝説のスプリンターがいたのをご存知でしょうか。今では信じられませんが、吉岡隆徳選手は1935年に100メートル走で10秒3の世界タイ記録を3度マークしたのですから、まさに当時の最速。

短距離ではなかなか勝てない日本の陸上選手にとっては、今でも憧れの存在です。

1909年、島根県出雲市で生まれた吉岡は、幼少時代、あまりの速さに仲間から「馬」と呼ばれたというエピソードが残っているほどの韋駄天でした。

陸上を志して現筑波大学に進学した吉岡が最初の五輪に臨んだのは23歳の時。

準決勝1組で3位に入り、6人のファイナリストに残りました。

彼の走りの特徴は、世界最速を誇ったスタートダッシュで、身長165cmという小柄な体で絞り出す瞬発力は、誰にもまねできないものだったそうです。

前傾姿勢になり、体が前に倒れるくらい足を出して推進力に変える、というのが彼のやり方で、「足の回転を速くすれば大丈夫」というのが吉岡の持論だったといいます。

しかし、メダルを目指していた1940年の東京五輪は、日中戦争の激化のよって開催中止に。現役での入賞は夢と消えました。

その後リッカーミシン陸上部監督に就任した吉岡は、後進の指導に専念。

晩年の吉岡は故郷で子供たちに陸上教室を開いて陸上の基礎を教えました。

指導では、「回れ右、止まれ、走れ」と号令をかけて、反応を見るだけで1人ひとりの素質を見抜いたといいます。

ちなみに、故郷の湖陵総合公園には独特のスタート法をかたどった吉岡の銅像が設置され、暁の超特急の姿を今に伝えています。

9 月 1 日㊐	天気		行事	
	気温	℃		

二百十日、関東大震災の日、防災の日

9 月 2 日㊊	天気		行事	
	気温	℃		

宝くじの日

そうじゃ特産商品シリーズ第4弾「そうじゃ小学校カレーシリーズ」

　岡山県の南西部に位置し、岡山市と倉敷市の二大都市に隣接する"総社（そうじゃ）市"は、市の中央部に県内三大河川の一つである高梁川が貫流しており、美しい自然と豊かな水に恵まれたとても住み心地の良いまちです。本市での学校給食は、昭和22年12月8日から開始され、昭和40年代までは各小学校それぞれで給食を作る自校式を採用していました。この歴史ある学校給食の中で、いつの時代でも、カレーは子どもたちに最も人気のあるメニューの一つでし

た。当時の学校給食カレーの味をレトルトカレーで再現することで地域の名物になるのではないかと考え、商品化したものが「そうじゃ小学校カレー」です。

　当時の栄養士さんを探して、昔なつかしの味を再現したり、地域から愛されるカレーとなるよう地域の方々と話し合ったりと、試行錯誤を繰り返し、当時市内にあった15校の小学校と、共同調理場になってからできた2校の計17校の開発に成功しました。

9 月 3 日㈫	天気		行事
	気温	℃	

ベッドの日

9 月 4 日㈬	天気		行事
	気温	℃	

串の日

　きのこたっぷりの池田小学校版、猪肉が特徴の昭和小学校版、シリーズ至上最も辛い総社中央小学校版と、各小学校それぞれに特徴があります。また、各小学校版カレーの売り上げの一部は、子どもたちに有益に使ってもらうため、その小学校等に贈呈しており、カレーを食べることで母校や地域の小学校等を応援することができます。ラジオや全国ニュースでも取り上げられた総社市の特産商品「そうじゃ小学校カレー」。総社市役所や市内のスーパー等で販売し

ているほか、「そうじゃ地・食べオンラインショップ」（http://chitabe.shop-pro.jp/）でもご購入いただけます。
　「あっ、この味だっ…」と思わず舌鼓してしまう小学校時代のレトロな味わいをご堪能ください。

（総社市役所 産業部 農林課）

9 月 5 日㊍	天気		行事
	気温	℃	

9 月 6 日㊎	天気		行事
	気温	℃	

鹿児島黒牛・黒豚の日、上弦の月

ブドウの枝幹害虫　クビアカスカシバの防除

　クビアカスカシバはスカシバ科の蛾ですが、成虫はスズメバチと見間違う特徴的な外観です。幼虫がブドウの枝や幹を食害する害虫として、2000年頃から、全国のブドウ産地で発生が多くなりました。

　雌成虫は6～9月に、粗皮の溝や浮いた粗皮の裏などに一卵ずつ産卵し、雌成虫一頭の産卵数は数百卵にも達します。ふ化した幼虫は粗皮下を摂食後、秋季になると老熟して樹から脱出し、地表から数cm下の土中で繭を作って越冬し

ます。そして、翌年、蛹化、羽化します。

　幼虫は枝や幹を横方向に1周するように、樹皮と形成層を食害することが多く、食害部からは虫糞が排出されます。被害樹では、被害部より先への水分や養分の流れが妨げられ、枝や樹の衰弱や枯死に至ります。

　これまでの試験研究から、粗皮を剥いだ条件で、成虫発生期に薬剤を枝幹へ散布することで、幼虫の食入を防止できることが明らかになりました。被害発生部に対しては、食入した幼虫の

9月7日(土)	天気	行事
	気温　　　℃	

9月8日(日)	天気	行事
	気温　　　℃	

白露、サンフランシスコ平和条約調印記念日、桑の日

捕殺や食入部への薬剤注入が効果的です。そして、被害部の早期発見や防除効果の向上のため、粗皮剥ぎが重要です。

また、光反射資材を利用した防除技術等も開発されていますが、今後も薬剤のみでなく、耕種的防除や資材利用により総合的に防除していくことが必要と考えられます。

写真　クビアカスカシバ成虫

（秋田県果樹試験場　小松　美千代）

| 9 月 9 日㊊ | 天気 | | 行事 |
| | 気温　　　℃ | | |

重陽、救急の日、食べものを大切にする日

| 9 月 10 日㊋ | 天気 | | 行事 |
| | 気温　　　℃ | | |

下水道の日

チャーテ（ハヤトウリ）

　藩政期に薩摩藩が熱帯アメリカから導入した「チャヨーテ（chayote）」を一般に「ハヤトウリ」と呼びます。土佐にも入って、高知では「チャーテ」と呼んでいます。

　夏の終わる頃が旬で、一つの蔓に100個ほどの実をつけることから、「センナリ（千成）」とも言われています。彼岸花が咲き、柿の実が色づく頃の里の幸です。

　味にくせがなく、すし（ちらしずし、袋詰めなど）、白和え、煮しめ、酢のもの、肉とソテー、漬け物と、便利な上に安価。ところが「買ってくれないから、置いていない」という店も。調理はたやすく、主菜の脇役としてもいい食材だから、使いこなしましょう。

【料理】
○炒め物
　チャーテは2〜3mm厚さの半月切り。豚肉やベーコンと一緒に炒めます。味付けは、塩とこしょうだけでもよいし、味噌と砂糖でも

| 9 月11日㊌ | 天気 | 行事 |
| 気温　　　　℃ | |

二百廿日

| 9 月12日㊍ | 天気 | 行事 |
| 気温　　　　℃ | |

水路記念日、宇宙の日

OK。少し酢を入れると歯ざわりが良くなります。

○和え物・酢の物

　チャーテは薄く切り、熱湯をさっと通す（歯ざわりを良くするため、酢を少し入れる）。白和えや酢の物など、味はお好みで。

○すし

　チャーテは3mm厚さの半円状の薄切りにし、たっぷりの熱湯に入れ5～6秒で透き通ってきたらザルにとり、熱いうちに塩をふる。茹でたチャーテを袋状に切り込みを入れ、甘酢に漬ける。

　チャーテの袋の内側に、ワサビをぬり、刻んだ紅生姜を入れ、黒ごまを混ぜたすし飯を詰める。錦鯉が泳いでいるような、一口サイズの詰めずし。

（土佐伝統食研究会）

9 月 13 日㊎	天気		行事	
	気温	℃		

十五夜、世界の法の日

9 月 14 日㊏	天気		行事	
	気温	℃		

満月

十五夜（お月見）　暑さもひと息、初秋のひとときを月を愛でて過ごす

　暑かった日々がようやく終わり、ホッとひと息つけるようになった旧暦8月の15日ごろ、新暦にして9月初旬から10月初旬にかけて仲秋といい、この期間の満月が十五夜で、この夜に行われる月見の行事がお月見。『十五夜』とも、『中秋の名月』とも呼ばれています。ちなみに『中秋の名月』とは旧暦8月15日の月のことを指し、『仲秋の名月』とは、旧暦8月の名月のことをいいます。

　お月見はもともと中国から伝わった行事で、

平安時代には月を愛でつつ詩歌を読むという趣向でした。室町時代になると酒宴を開くようになり、下って江戸時代には庶民にも浸透し、ススキと団子を供えるようになりました。

　古来、日本人は月の満ち欠けで月日を知り、農作業を行っていました。月見は収穫を感謝する祭りであり、月日を教えてくれるお月さまへの感謝でもあったのでしょう。

　暑くもなく、まだそれほど寒くもない仲秋の時期には、日本各地でさまざまな月見の行事が

9 月15日 (日)	天気		行事
	気温	℃	

老人の日、老人週間（21日まで）

9 月16日 (月)	天気		行事
	気温	℃	

🎌●敬老日　　　　　　　　　　　　　　オゾン層保護のための国際デー

行われています。

　京都の大覚寺では、日本三大名月観賞池である大沢の池に龍頭船を浮かべての『観月の夕べ』が催されますし、奈良県の唐招提寺では、『観月賛仏会』が行われ、鑑真和上像とともに名月を鑑賞します。

　どこか哀愁を感じさせる秋風の中、行事を作り出す人、参加する人もともに月を仰ぎ見、1年でもっとも美しい月の様子に酔いしれます。とても美しい年中行事の一つと言えるでしょ

う。十五夜は月の満ち欠けで決められるため、毎年同じ日にはなりません。今年2019年の中秋の名月は、9月13日になるようです。

（千羽 ひとみ）

9 月 17 日 ㊋	天気	行事
	気温　　　　℃	

9 月 18 日 ㊌	天気	行事
	気温　　　　℃	

かいわれ大根の日

【のへじ丼】青森県上北郡 野辺地町

「のへじ丼」は町民が参加したレシピコンテストを経て、町内の飲食店有志が改良に改良を重ねて誕生した青森県野辺地町のご当地丼。肉厚で甘みの強い「野辺地産活ほたて」と真夏の冷涼な季節風ヤマセが育てるブランド野菜「野辺地葉つきこかぶ」、当町を代表するこの二つの特産品の豪華コラボレーションを実現したのが「のへじ丼」。新鮮なほたてがいの刺身＆づけの海鮮丼と、野辺地町のソウルフードともいえる味噌貝焼きの丼、そして各店が工夫をこら

した葉つきこかぶ（6月～10月限定、期間外はながいも）の小鉢のセットでご提供いたします。
　目指したのは、野辺地の海と畑の幸を同時に、そして豪快にかっこんで召し上がって頂けるどんぶり飯。特に、野辺地葉つきこかぶは町内でもご提供している飲食店が少なく、旅の思い出作りにもうってつけのお食事であると自信をもってお勧めします。町内3か所の飲食店で販売をしております（1,080円税込、予約は必須ではありませんが、念のため事前に提供各店に電

| 9 月19日㊍ | 天気 | 行事 |
| | 気温　　　　℃ | |

| 9 月20日㊎ | 天気 | 行事 |
| | 気温　　　　℃ | |

彼岸入り、空の日、動物愛護週間（26日まで）、庚申

話連絡をおすすめします）。雄大な陸奥湾と滋養豊かな八甲田が育んだ繊細で気品のある味覚をご賞味ください。

★提供店舗一覧
◇蔦屋　青森県上北郡野辺地町上小中野39-19
　℡0175-64-1111
　営業時間11：00〜21：00 月曜定休
◇みや寿し　青森県上北郡野辺地町石神裏3-1
　℡0175-64-2631
　営業時間17：00〜23：00

第1、第3月曜定休
◇ながはま食堂 青森県上北郡野辺地町野辺地307　℡0175-64-3729
営業時間11：00〜14：00、17：00〜22：00
月曜定休

（特定非営利活動法人 のへじ
　　　　　　　FRASCO理事長 阿部　博一）

| 9 月21日㊏ | 天気 | 行事 |
| | 気温　　　　℃ | |

秋の全国交通安全運動（30日まで）

| 9 月22日🈡 | 天気 | 行事 |
| | 気温　　　　℃ | |

下弦の月

じゃがいも

開拓のいのち支えた芋の花　　　近藤　敏昭

　昨年、8月5日、北海道の命名から150年目を記念する式典が両陛下臨席のもとに行われた。探検家の松浦武四郎が明治2（1869）年7月、蝦夷地を北加伊道などと名付ける案を明治政府に提案、8月に「北海道」と命名。じゃがいもは、開拓者の暮らしを支える主要な作物の一つであった。

収穫へ老いの手を貸す薯拾い　　　岩井　一六

馬鈴薯がころころ秋の子守唄　　　中野　いわお

　一般的には「じゃがいも」だが、農水省の名称は「ばれいしょ」。馬鈴薯と書くのは、馬につける鈴の形に似ているからという。

　じゃがいもの原産地は、南米のペルーともチリともいわれる。16世紀の初めスペインの征服者、フランシスコ・ピサロが故国へ持ち帰ったのが広まった。わが国には、16世紀末に長崎にはいった。じゃがいもの名は、インドネシアのジャカルタより伝来したことに由来する。

9 月 23 日 ㊊	天気		行事	
	気温　　　　℃			

◉秋分の日　　　　　　　　　　　　　　　　　　　秋分、彼岸中日、テニスの日

9 月 24 日 ㊋	天気		行事	
	気温　　　　℃			

　　　　　　　　　　　　　　　　　　　　　　結核予防週間、畳の日、甲子

肉じゃがへ北海道の芋を待つ　　　高岡　景子
母は元気で芋のごろごろするカレー　峯　裕見子
　じゃが芋は、さつま芋より若干早く伝わった
が、幕府がさつま芋を救荒作物と位置づけたこ
と、甘味をもつ食物として歓迎されたことで栽
培は広まった。
土の香を添えて新ジャガとなりから　林八枝子
馬鈴薯の花が蝦夷地を夏にする　　東海林　稔
　じゃがいもは、九州等では秋植え、東北・北
海道は春植えである。じゃがいもの主産地は北
海道で、平成28年の農水省発表でも、全国の作
付面積7万7,200ha中66％強の5万1,200haを占め
ている。新しい品種も普及しているが、「男爵」
「メークイン」は今もよく作られている。戦中、
戦後を代用食で生きてきた人達にとって、芋や
南瓜は忘れられない。
芋かぼちゃ昭和に耐えた恩がある　　大野直之

（NHK学園川柳講師　橋爪まさのり）

9 月25日㈬	天気	行事
	気温　　　℃	

9 月26日㈭	天気	行事
	気温　　　℃	

彼岸明け

大粒の「祖父江ぎんなん」はいかが？　〜日本有数のイチョウの町からの贈り物〜

　木曽川がもたらす豊かな水源と栄養豊富な土に恵まれて大粒に育つ祖父江のギンナン。その中でも、特に厳しい選別基準により選び抜かれて出荷されるのが、稲沢市が誇る「祖父江ぎんなん」です。

　イチョウの町「稲沢市祖父江町」は、木曽川がもたらす豊かな水源と栄養豊富な土に恵まれ、毎年、大粒のギンナンが収穫・出荷されています。その中でも、特に厳しい選別基準により選び抜かれたギンナンが「祖父江ぎんなん」

です。毎年8月のお盆明けから翌年1月まで、「祖父江ぎんなんブランド推進協議会」が東京・中京・関西市場へ出荷しています。出荷する主な品種は、「久寿」と「藤九郎」。久寿は、苦みが優しくモッチリとした食感が人気です。藤九郎は、他の品種よりも長持ちすることから、贈答用として人気があります。10月から11月には、インターネット販売サイト「ＪＡタウン」で一般の方達に向けて販売をしておりますので、日本全国どこからでもお買い求めいただけます。

9 月 27 日㊎	天気	行事
	気温　　　℃	

世界観光の日

9 月 28 日㊏	天気	行事
	気温　　　℃	

社日

　ギンナンを販売していると、「硬く縮んで食べられない」との問い合わせがあります。一般の野菜と違い、分厚い殻に守られているギンナンは、何日も日持ちすると思われている方もいます。しかし、ギンナンも生鮮野菜なので、収穫と同時に中身の水分が抜けていき、約3週間から1カ月程で縮んでしまいます。そこで、1日でも長くギンナンを楽しんで頂くために、お奨めの保存方法を紹介します。一つ目は冷凍保存です。生のまま冷凍し、食べたい分だけ殻ごと茹でて頂ければ、美味しく召し上がれます。二つ目は水に浸しておく方法です。中身の水分が抜けないため、新鮮な状態を保つことができます。どちらも、多少味は劣りますが、硬くなって食べられなくなってしまう事は防ぐ事ができます。

（愛知西農業協同組合　百井　伊智郎）

9 月29日㊐	天気		行事	
	気温	℃		

クリーニングの日、己巳、新月

9 月30日㊊	天気		行事	
	気温	℃		

くるみの日

★ペットに遺産相続はできるか？

　ペット（犬、猫）の数が1,800万頭を越える今日、自分の子供と同じくらい可愛がっている犬や猫がいる、そういう人も多いでしょう。自分が亡くなったあと、そのペットに何らかの財産を残しておきたいというのは人情。しかし、どんな動物でも日本の民法では「物」として扱われます。そして民法では相続や遺贈を受けることができるのは「人」に限られています。ペットに遺産を相続させることはできません。

　ただし、ペットの世話をしてくれることを条件に、知人や友人に対して財産を譲ることは可能です。これを「負担付遺贈」といいます。これは、自分が亡くなった後に、自分に代わってペットの世話をしてくれる個人に財産を遺贈するというものです。負担付遺贈を受けた人が、もし負担した義務を履行しないときは、遺贈の取り消しを家庭裁判所に請求することができます。

10月 October

灘のけんか祭り
（兵庫県姫路市）

●節気・行事●

寒　　　露	8日
十　三　夜	11日
体 育 の 日	14日
統 計 の 日	18日
土　　　用	21日
霜　　　降	24日
読 書 週 間	27日

●月　　相●

○満　　月　14日
●新　　月　28日

10月の花き・園芸作業等

花　　き

　スイートピー、ラークスパーの播種。秋播き一年草の苗の定植。チューリップ、ムスカリ、ヒヤシンス、アネモネなど秋植え球根の植付け。カンナ、ダリア、カノコユリなど春植え球根の堀り上げ。ガーベラ、ミヤコワスレなど宿根草の株分け。ジル、ローズマリーなどハーブ類の播種。

野　　菜

　小松菜、ホウレンソウ、促成用果菜類の播種。ニンジン、菜類、タカナ、ネギ、ゴボウ、ダイコン、エンドウ、キャベツの播種。キャベツ、カリフラワー、ブロッコリーの移植。イチゴ、フキ、菜類の定植。ハクサイ、ネギ、キャベツ、カブ、菜類、イチゴの中耕、間引き、追肥。ハクサイ、ホウレンソウ、インゲン、ダイコン、ニンジン、ゴボウの収穫。

果　　樹

　ビワの施肥。果樹園の草生播種。早生温州、リンゴ中生種、イチジク、カキ、クリの収穫。ミカン、クリの害虫防除。

10月 暦と行事予定表

	節 気 ・ 行 事	予 定
1 ㊋	法の日、労働衛生週間、共同募金	
2 ㊌	豆腐の日	
3 ㊍	亥の子餅、登山の日	
4 ㊎	里親デー、鰯の日	
5 ㊏	レジ袋ゼロデー	
6 ㊐	国際文通週間、上弦の月	
7 ㊊		
8 ㊋	寒露、木の日、ソバの日	
9 ㊌	万国郵便連合記念日	
10 ㊍	目の愛護デー、まぐろの日	
11 ㊎	十三夜、安全・安心なまちづくりの日	
12 ㊏	豆乳の日	
13 ㊐	引越しの日	
14 ㊊	▮●体育の日、鉄道の日、満月	
15 ㊋	たすけあいの日	
16 ㊌	世界食料デー	
17 ㊍	貯蓄の日	
18 ㊎	統計の日	
19 ㊏	住育の日	
20 ㊐	えびす講、誓文払い	
21 ㊊	土用、国際反戦デー、あかりの日、下弦の月	
22 ㊋	▮●即位礼正殿の儀	
23 ㊌	電信電話記念日	
24 ㊍	霜降、国連の日	
25 ㊎		
26 ㊏	柿の日、原子力の日、反原子力デー	
27 ㊐	読書週間（11月9日まで）	
28 ㊊	速記記念日、新月	
29 ㊋	てぶくろの日、炉開き	
30 ㊌	たまごかけごはんの日	
31 ㊍	世界勤倹デー、ガス記念日、ハロウィン	

― 180 ―

鳥獣害から菜園を守る

10月の野菜づくり

都市近郊の菜園でも、アライグマやハクビシンの被害が増えています。カラス、ハト、ヒヨドリなどの鳥害も日常的に起きていますので、菜園を守る対策を立てましょう。

◆防鳥ネットとテグス

網目が小さいほど防鳥効果が高く、目合いはヒヨドリでは30㎜以下、カラスでは75㎜以下のネットを用います。トンネル状や浮き掛け状に野菜を覆うのが効果的です。また、寒冷紗などを流用するのも有効です。

カラスは羽が障害物に触れるのを嫌うため、テグス（釣り糸）を縦横に張り巡らします。カラスが飛び立つときに翼長1m程度になるので、これより狭く張ります。

◆べたがけで種を守る

マメ類などの大きい種はカラスやハトの格好の餌食。種まき後、本葉が出るまでが被害に遭いやすいので、注意が必要です。べたがけ資材には本来の発芽促進、防虫効果に加えて、防鳥効果も期待できます。

◆ネットや柵で目隠し

イノシシには野菜が見えないようにトタンなどの柵で菜園を目隠しします。1m程度の柵では簡単に飛び越えてしまいますが、柵の前にネットなど足に絡むものを配置して、踏切位置を遠くすると越えられなくなります。

◆電気柵の利用

電気柵に触れた獣類はショックを受けて退散します。ハクビシンの場合には、電線の下を潜り抜けるのを防ぐため、できるだけ低く張ります。ただし、漏電を防ぐために、除草するなど定期的な管理と、夜間のみ通電し、注意書きを記すなど安全対策が必要です。

（神奈川県種苗協同組合　成松　次郎）

黒人初の金メダルを獲得した裸足の鉄人

オリンピックこぼれ話

東京オリンピックでは数多くの見どころがありましたが、当時を知る人にとって忘れられないのが、エチオピアからやってきた裸足の鉄人「アベベ・ビキラ」でした。

オリンピックのマラソン種目でアフリカ系黒人が金メダルをとったのは初めてのことで、裸足で颯爽と走るその姿を一目見ようと、沿道には多くの見物客が詰めかけました。

ローマと東京で史上初の2大会連続優勝を果たし、2個の金メダルを獲得したアベベは、まさにアフリカの生んだスーパースターで、その身体能力の高さに多くの人が感心したものです。

1932年、貧しい小作農の息子として生まれたアベベは、成長してから軍隊に入隊。そこで持ち前の才能を大きく開花させるのです。軍隊のマラソン大会に出場して入賞した彼は、ローマ五輪の切符を手にして、さらに厳しいトレーニングを続けます。

裸足で走るスタイルについては、偶然靴が壊れ、自分に合うものがなかったため裸足で走ることになったということですが、子どもの頃から裸足で野山を駆け回っていたアベベにとっては、この方が本調子が出たのでしょう。ローマ五輪でゴールした彼が「あと20kmは走れる」と話したのは有名ですが、高地で鍛えた心肺機能は桁外れの強さだったのです。オリンピックチャンピオンとなったアベベには世界からレースへの招待状が届いたといいますが、妻には「走ればまた勝つと思われているのは辛いことだ」と話したそうです。しかし、メキシコ五輪から約半年後、アベベは自動車運転中に事故を起こし、下半身不随となってしまいます。

晩年のアベベは不自由な体でも生涯スポーツと関わろうとしていましたが、1973年、まだ41歳の若さで病死しています。

10月 1 日㊋	天気	行事	
	気温　　　℃		

法の日、労働衛生週間、共同募金

10月 2 日㊌	天気	行事	
	気温　　　℃		

豆腐の日

農業法人における人材育成のポイント　〜作業の進捗管理を担う現場リーダーの育成〜

　家族以外の従業員を多く雇う雇用型経営では、組織の成長のため、経営者に代わって作業指示や要員配置などの作業の進捗管理を担う現場リーダーの育成が求められます。複数の社員に作業の進捗管理を任せている先進事例に注目したところ、現場リーダーの育成に関して、四つの共通する取組を見出しました。

　第1は、「従業員参加と情報共有の推進」です。朝礼など定期的に集まる場を設け、作業の進捗状況や、現在生じている課題をお互いに伝達し

ています。意見交換を行うことは、従業員の当事者意識の向上に寄与します。

　第2に、「個人目標に対するPDCAサイクルの推進」です。個人別に目標設定することを進め、その目標の成否の検証や達成に向けた改善策の検討を従業員に課すことは、農作業の進捗管理で必要なPDCAサイクル的思考の浸透に有効です。

　第3に、「早期の権限移譲」です。作業の進捗管理能力の習得には、経験学習が有効です。

10月 3 日㊍	天気		行事
	気温	℃	

亥の子餅、登山の日

10月 4 日㊎	天気		行事
	気温	℃	

里親デー、鰯の日

そのため、作業者（オペレーター）として一人前になっていなくても、進捗管理に関する意思決定を部分的にでも任せていくことは、進捗管理能力の早期習得につながります。

第4に、「定期的なフィードバック（評価の伝達）」です。進捗管理に関する評価や、一人前になるための今後の課題などを定期的に伝えることは、従業員の行動内容の修正やモチベーション向上に寄与します。

現場リーダーが育っている事例では、営業など経営者の対外業務の充実、農場での問題発見の迅速化による収量品質の向上などの効果が見られています。

（農研機構　中央農業研究センター

田口　光弘

10月 5 日㊏	天気		行事
	気温	℃	

レジ袋ゼロデー

10月 6 日㊐	天気		行事
	気温	℃	

国際文通週間、上弦の月

「阿波十割」水のええとこ、銘酒あり「阿波十割」
あわじゅうわり

徳島県は水に恵まれている！

断言して恐縮ですが、生まれも育ちも阿波っ子の私は、ずっとずっと、その通りだと思っています。ホンマに！

四国三郎・吉野川を筆頭に大小様々な河川が流れ、その土地の人々が多くの恩恵に与っています。日本酒造りにおいても例外ではありません。県内に約20軒の酒造会社が存在し、個性豊かな酒を代々に亘り醸し続けています。香り華やかな酒あり、濃醇な味わい深い酒あり、すっ

きりとした食中酒などなど、小規模な酒蔵が多い故に、蔵元の考えが酒質に正直に反映されているからです。

水ともう一つ大事なものと言えば、主原料のお米です。徳島県では酒造好適米の最高峰「山田錦」の生産が盛んで、県外の有名酒蔵がわざわざ仕入れに来ているぐらいです。

そして、県、農家と酒蔵が協力し大きく羽ばたこうとしているのが、「吟のさと」です。山田錦にルーツを持つこのお米は、粒が大きく酒

10月 7 日㊊	天気		行事
	気温	℃	

10月 8 日㊋	天気		行事
	気温	℃	

寒露、木の日、ソバの日

造りに適し、倒れにくく栽培しやすい、価格も手頃と三方よしの酒米です。

　これら、徳島自慢の水とお米を100％使い、地元の酒蔵が腕を振るって醸造した純米酒（純米吟醸、純米大吟醸なども含む）から、厳しい審査を受け認定されたものを、「阿波十割」という共通ブランドを冠して世に出しました。藍色をベースに、版画調の阿波十割という文字や、阿波踊りの踊り子を白抜きに模したロゴを見かけたら、それが「阿波十割」認定酒の目印です。

　徳島県は海、山、川の幸に恵まれ美味なるものが豊富にあります。ぜひ今宵はそれらを肴に、生粋の阿波に酔いしれてみませんか？

（徳島県酒造組合　齋藤　智彦）

10月 9 日㊌	天気		行事
	気温	℃	

万国郵便連合記念日

10月10日㊍	天気		行事
	気温	℃	

目の愛護デー、まぐろの日

赤とんぼ

赤とんぼ空の高さへ吸い込まれ　坪田　つくも

　スイスイと飛ぶ赤とんぼは、小型種だけにすぐ視界から逸れてしまう。じっと止まっているもの、朝日を浴びて、あとからあとから飛んでくる赤とんぼ。いずれにしても季節感が溢れているようだ。秋ととんぼは切り離すことはできない。秋の使者でもある。

辛うじて村を支える赤とんぼ　　浅川　和多留

　過疎化は止まることを知らず、限界集落なることばも生まれた。村を支える高齢者に元気で

頑張ろうと声をかけていく赤とんぼ達。

旅たのし靴結ぶ背に赤とんぼ　　　後藤　破舟
リュック鳴る明日香の道の赤とんぼ　西村左久良

　飛鳥は大和地方の中心地だった。奈良県桜井市から奈良市までの山辺道は、わが国最古の官道である。「秋津島」は日本の古名だが、「あきつ」はとんぼの別名である。稔が多い稲田を飛び交うとんぼに平和な国を重ねたのだろうか。

道祖神抱き合う野辺の赤とんぼ　　津田　一江

　とんぼの種類は、全世界で約5,000種あるとさ

10月11日㊎	天気		行事
	気温	℃	

十三夜、安全・安心なまちづくりの日

10月12日㊏	天気		行事
	気温	℃	

豆乳の日

れ、日本では150種を数える。成虫になるまでに10回以上脱皮をくりかえすので、短いもので数か月、長いものでは7〜8年かかって成虫になる。

思い出のトンボはもっと赤かった　真島美智子

　夕やけ小やけの／赤とんぼ／負われて見たのは／いつの日か。三木露風作詞、山田耕筰作曲の「赤とんぼ」は、昭和2（1927）年に世にでた。三木露風が7歳の時、実家へ帰った母への慕情と幼少時に子守に背負われて見た播磨平野の風景が詩に結実したという。

赤とんぼ見るも久しいくにの墓　　吉田　湯北

　久し振りの墓参で出会った赤とんぼ。都会では見る事も無くなっただけに懐しさも一入。時にはうるさいほどに目にした赤とんぼがある日を境にパッタリ姿を消した。深まる秋。

赤とんぼ遊びつくしていなくなる　古谷　恭一

（NHK学園川柳講師　橋爪まさのり）

10月13日 ㊐	天気	行事
	気温　　　　℃	

引越しの日

10月14日 ㊊	天気	行事
	気温　　　　℃	

◉体育の日

鉄道の日、満月

レンコンとチーズの重ね焼き

　千葉県長生郡長南町では、昭和40年頃からレンコンの栽培が行われています。

　レンコンの出荷時期は、8月下旬から3月下旬ですが、7月下旬には、レンコンの花の鑑賞会も開催されています。花は、朝日が昇る前から咲き始めるので、早朝のほんのわずかな時間に鑑賞するのがベストだとされています。

　レンコンの穴を「先の見通しがきく」縁起物として、正月料理や祝い事に必ず使われてきました。酢ばす、煮物、はさみ揚げ、きんぴらな

どいろいろな料理に向く重宝な食材です。おいしいレンコンは、自然な淡黄色でふっくらとしている、節がなくまっすぐしている、穴の大きさがそろっている等が特徴で、中が黒くなっていないか等も見て選ぶと良いでしょう。

【材料4人分】
　レンコン：２００ｇ、トマト：1個、
　とけるチーズ：8枚、サラダ油、塩、
　コショウ

| 10月15日㊋ | 天気 | 行事 |
| | 気温　　　℃ | |

たすけあいの日

| 10月16日㊌ | 天気 | 行事 |
| | 気温　　　℃ | |

世界食料デー

【作り方】
①レンコンは、よく洗って皮を剥き、8ミリ厚さの輪切りにする。
②トマトも8ミリの厚さの輪切りにし、フライパンでサッと焼いておく。(トマトは、固めのものが向いています)
③フライパンで油を熱し、塩、コショウを振ったレンコンを中火で焼く。レンコンの両面に焼き色がついたら、②のトマト、チーズをのせ、チーズがとけたら出来上がりです。

（千葉県 長生郡 長南町　宮崎　三枝子）

10月17日㊍	天気		行事
	気温	℃	

貯蓄の日

10月18日㊎	天気		行事
	気温	℃	

統計の日

暖かい地方のヤマネはほとんど冬眠しない　～四季の変化と冬眠～

　ヤマネはリスやネズミに近い日本固有の哺乳類（写真）です。体の大きさは鶏卵ほどです。本州から九州の森林にすみ、暖かい時期には夜、木の上で昆虫や花や実を食べて活動しますが、寒い時期には土や朽木のなかで体を丸め、体温を下げて冬眠します。とくに冬が長く積雪が多い地方では1年のうち7ヶ月も冬眠することが知られています。ヤマネの心臓は活動中には1分間に約60回動きますが、冬眠中にはその10分の1になるそうです。このような珍しい習性の

ため、ヤマネは国の天然記念物に指定されています。
　では、暖かい地方のヤマネはどのくらい冬眠するのでしょうか？ヤマネの分布の南限である九州の最南端（鹿児島県南大隅町）で調べたところ、この地方のヤマネは真冬でも断続的に活動していることがわかりました。照葉樹林におおわれ、冬の積雪がない温暖な地方ではヤマネはほとんど冬眠しないようです。この時期のヤマネはツバキなど冬に花を咲かせる植物の花の

10月19日 (土)	天気	行事
	気温　　℃	

住育の日

10月20日 (日)	天気	行事
	気温　　℃	

えびす講、誓文払い

蜜や花粉を主な食物にしていると想像されますが、まだよくわかっていません。地球温暖化が進むと四季の変化が不安定になったり、冬が短くなったりすると言われています。これまで冬が長かった地方では、暖冬でヤマネが冬眠からめざめたとき、森の中に食物となる植物の花が十分咲いていないかもしれません。温暖化による四季の変化は植物だけでなく、動物の生活にも強く影響する可能性があるのです。

（国研 森林総合研究所九州支所　安田　雅俊）

| 10 月 21 日㈪ | 天気 | | 行事 |
| | 気温 | ℃ | |

土用、国際反戦デー、あかりの日、下弦の月

| 10 月 22 日㈫ | 天気 | | 行事 |
| | 気温 | ℃ | |

📺即位礼正殿の儀

「能登なまこ」の最高級珍味 "干くちこ" ～七尾湾が育む「能登の宝石」～

　能登半島は日本海に親指の形のように突き出た形をしており、周辺海域は海の幸の宝庫として有名です。そんな能登半島にある七尾湾で生産される「能登なまこ」から厳寒期に手作業で作られ、食通の間にも称賛される最高級珍味"干くちこ"です。

　"干くちこ"の原料「能登なまこ」は、国内産なまこの中でもひときわ磯の香りが強く、身のしっかりとした味が美味しいと評判です。その美味しさの秘密は「能登なまこ」が生息する七尾湾の環境にあります。まず、何万年もの時間をかけて有機物が堆積してできた珪藻土があり、海水を清浄に保つ助けをしてくれると言われています。次に日本海の冬の厳しい寒さは、冷たい水が大好きな「能登なまこ」にとってはこの上ない環境です。そして、周辺の里山から流れ込む養分をたっぷりと含んだ水と富山湾の清らかな海水が混じりあうことで、「能登なまこ」の深い味わいの素である良質なエサが育ちます。

10月23日㈬	天気		行事	
	気温	℃		

電信電話記念日

10月24日㈭	天気		行事	
	気温	℃		

霜降、国連の日

　"干くちこ"は、七尾湾で漁獲される厳冬期の「能登なまこ」からとれる貴重な卵巣（くちこ）を使用しています。1枚の"干くちこ"を作るのに「能登なまこ」数十匹分を必要とし、約2週間かけて乾かしながら、職人が1枚1枚丁寧に大きさや厚さを手作業でそろえます。冬の冷たく乾いた風に当てて干すことで「くちこ」の旨みが凝縮され深い味わいとなります。
　"干くちこ"の食べ方は、軽く火で炙り、裂いてお召し上がりください。味わいが楽しめる

　"干くちこ"は、小さいひと裂きでも十分コクがあり、噛めば噛むほどうまみが口の中に広がります。特に、辛口の日本酒の肴にしたり、熱燗に"干くちこ"を一片入れて独特の風味を楽しむこともできます。

（すぎ省水産株式会社　笹本　道代）

10月25日㊎	天気		行事	
	気温	℃		

10月26日㊏	天気		行事	
	気温	℃		

柿の日、原子力の日、反原子力デー

ハロウィン　すっかり根づいたヨーロッパ由来の年中行事

　2月のバレンタインデーとともに、最近になって行われるようになり、すっかり年中行事となって定着したのがハロウィンでしょう。

　もともとは現在のイギリスのスコットランドやアイルランドに当たる、ブリテン諸島に住んでいた古代ケルト人の風習が起源とされています。

　古代ケルトの人びとは1年の最終日は10月の31日で、この日は夏の終わりを意味していました。今もそうですが、これらの島々の冬は厳し

く、とても歓迎できない季節の始まりです。

　死者の霊や魔女、悪霊といった歓迎できないものたちも、この日から暗躍を始め、わざわいをもたらしに家々にやってくると信じられていました。こうした魔物から身を守るために仮面をかぶったのが、10月31日の一夜に、魔女やモンスターの扮装が跋扈するという、現在のハロウィンの始まりです。

　ハロウィンと言われると頭に浮かぶ黄色いカボチャのランタンは、『ジャック・オ・ランタ

10月27日🌑	天気	行事
	気温　　　℃	

読書週間（11月9日まで）

10月28日㊊	天気	行事
	気温　　　℃	

速記記念日、新月

ン』と呼ばれ、19世紀のアメリカで始まったとされています。

　アメリカを始め、昨今では日本でも、子ども達は大きなカボチャをくりぬいて恐ろしい姿に仕上げて飾ります。また魔女やモンスターの扮装をし、「お菓子をくれなきゃいたずらするぞ！（Trick or treat!)」と唱えながら近所の家々を訪問し、お菓子を手に入れます。日本では本来は子ども達の行事に大人も便乗、10月31日の夜は、渋谷の交差点は扮装をした人たちで溢れか

えり、警察も出動する騒動になっているのは、ご存じの通りです。

（千羽 ひとみ）

10月29日㊋	天気		行事	
	気温	℃		

てぶくろの日、炉開き

10月30日㊌	天気		行事	
	気温	℃		

たまごかけごはんの日

奥越さといも

　今回ご紹介します福井県の奥越地域は全国でも有数のさといもの産地であり、上庄さといも、越前さといもと称されるブランドさといも、そして伝統野菜として生産され、その評価は実際に食された方々より高い評価を得ています。

　なかでも、「上庄さといも」については日本地理的表示（ＧＩ）保護制度において、伝統的な生産方法や気候・風土・土壌などの生産地等の特性が、品質等の特性に結びついている産品として登録されています。

　奥越さといもが生産される奥越地域(大野市、勝山市）は福井県の東部に位置し、福井県の面積の約１／４を占める地域で、霊峰白山や荒島岳をはじめとした1,000ｍ級の山々に四方を囲まれた盆地であり、九頭竜川や真名川といった一級河川が流れる福井県内でもとりわけ自然環境に恵まれた地域です。

　また、盆地特有の気候である昼夜の寒暖差が大きいことや、山々からの豊かな水、排水が良好で肥沃な土壌が好条件となり、この地域特有

| 10月31日㊍ | 天気 | 行事 |
| | 気温 ℃ | |

世界勤倹デー、ガス記念日、ハロウィン

雑学スクール

★アイスクリームに賞味期限はあるの？

暑い季節、風呂あがりに食べる冷たいアイスクリームは格別。大好きなアイスをいくつも冷凍庫に入れている人も多いでしょう。ところで、保存しているアイスの賞味期限について気にしたことはありますか？

アイスクリームに賞味期限は記載されていません。これは法律上省略してもよいことになっているから。アイスクリームは冷凍保存（-18℃以下）を前提に作られており、原材料の品目も少ないことから、この状態では菌などの繁殖はなく、安定した食べ物なので賞味期限を省略してもよいとされています。そして日本だけでなく、世界的に賞味期限表示する義務はないとのこと。

風味などにこだわらなければ1年でも2年でも保存は可能ですが、風味を気にするのであれば、目安は1か月程度と見る方が良いでしょう。

のさといもが生まれます。

その大きな特徴としては、肉質のきめがとても細かく身が締り、煮崩れしにくい点で、食べるとしっかりとした歯ごたえがあり、後からもちもちとした独特の食感が感じられます。

土汚れを落とし、薄皮を残した状態の小芋を醤油、みりん、砂糖などで煮込んだ「ころ煮（煮っころがし）」やさといもをふんだんに使用した「のっぺい汁」は伝統料理として地域の人々に愛され続けています。

（ＪＡテラル越前　営農政策課

尾﨑　大輔）

間違いないネ！ 定番即席ラーメン　★出前一丁

　小学生時代の記憶の残像として、例えば当時流行っていた服装であったり、マツダのオート3輪やニッサンの初代スカイラインGT-R、クラッカーボール、米屋さんで売っていたブラッシー等と同列に、日清の「出前一丁」があります。

　正確に言うと、袋に印刷されている「出前坊や」の図柄が懐かしく、鮮明に昭和の記憶として刷り込まれています。50代以上の方は同じような感覚を持っている人も多いのでは…

　では、あのキャラクターはどのようにして生まれたのでしょうか？

　答えは現CEOの安藤宏基氏が考えたそうです。そしてパッケージや色選びは創業者であり父の安藤百福氏が考案したとのこと。なんでも、東京で見かけたタクシーの胴体色が赤と黄色で印象に残り、それがきっかけとなってパッケージが赤と黄色の基本色になったそう。

　また、百福氏は、商品名の候補として「ラーメン天国」や「出前ラーメン」を考えていたそうですが、何かしっくりこない。そこで息子（宏基氏）に相談し、“一丁”をつけたらどうかと言われ、「出前一丁」に落ち着いたということです。

　現在の「出前一丁」は、日本では『ごまラー油』をウリにして宣伝をしています。このしょうゆ味はいつ食べても、間違いなくウマくて、安心感があります。

　海外でも大いに受けているそうで、特に香港では大人気、現地ではもはや国民食として定着し、飲食店の様々なメニューに「出前一丁」が使用されています。また、日本にはない香港オリジナルの商品、例えば「五香牛肉味」「黒麻油とんこつ味」「辛辣XO醤海鮮味」等があり、スーパーのラーメン棚には「出前一丁」コーナーがあるそうです。

参考資料：cocotame, exciteコネタ

間違いないネ！ 定番即席ラーメン　★うまかっちゃん

　関東の人間にとって、即席ラーメンと言えば、まずは王道の「しょうゆ味」、そして「みそ味」「塩味」が脇を固めている、そんな図式ではないでしょうか。

　筆者が九州の「とんこつ味」に遭遇したのは遡ること約40年まえ、この「うまかっちゃん」であったと記憶しています。

　今では考えられませんが、当時はそもそも「とんこつ味」なるラーメンがこの世に存在することすら知らず、何気に買って食べた時の衝撃を微かに覚えています。

　「すごく匂いにクセがあって、きっついラーメンだなぁ」というのがファースト・インプレッション。決して美味しい…というものではなかったと思います。

　しかし、それからしばらくして、また妙に食べてみたくなり買って食べる、間を置く、また食べる、という繰り返しで、段々ととんこつマジックにはまっていってしまいました。

　近頃では、東京でも本場の「博多とんこつラーメン」が食べられるようになりましたが、その橋渡し役を担ったのが、この「うまかっちゃん」だったのかも知れません。

　製造元はハウス食品で1979年に九州限定のとんこつ味ラーメンとして発売を始めました。発売開始から半年後には、テレビのCM効果からか、最大手の日清食品やマルタイ（福岡市に本社を置く有名な即席めん会社）を抑えて、九州・山口地区における即席袋めんのトップになったということです。

　今でも九州では「日曜のお昼はうまかっちゃん」という家も多いそう。種類はオリジナルをはじめ、熊本は「火の国流とんこつにんにく風味」、博多は「からし高菜風味」、鹿児島「黒豚とんこつ」、濃厚な「久留米風とんこつ」など多彩です。

参考資料：Wikipedia

11月 November

弥五朗どん祭り
(宮崎県都城市山之口町)

●節気・行事●

文化の日 3日
立　　冬 8日
七 五 三 15日
小　　雪 22日
勤労感謝の日 23日

●月　　相●

○満　　月 12日
●新　　月 27日

11月の花き・園芸作業等

花　き

　秋播き一年草苗への霜よけ設置。熱帯性観葉植物鉢物の室内への取込み。球根ベゴニア、カラジューム、グロキシニアの球根越冬準備。西洋シバの播種。ボケの植替えと剪定。ヒバ類のとや葉(古葉)、マツの古葉落とし。落葉樹の鉢上げと植替え。針葉樹の植付け。

野　菜

　キャベツの移植。半促成栽培用果菜類の播種。チシャ、キャベツの定植。タマネギ、ダイコン、ハクサイ、菜類、ホウレンソウ、ニンジン、キャベツ、ソラマメの間引き、中耕、追肥。アスパラガス、ウド、ミツバの施肥。ホウレンソウ、タマネギ、キャベツ、ネギ苗、イチゴの防寒。果菜類予定地の耕起。野菜作付跡地の耕起。温床用落葉集め、堆肥の積返し、切返し。ダイコン、ハクサイ、キャベツ、ハナヤサイ、サトイモ、ハス、ショウガ、ネギ、ゴボウ、ニンジン、ホウレンソウ、菜類の収穫。

果　樹

　モモ、ナシ、ウメ、ミカンの施肥。果樹園の中耕除草。果樹園の清掃。ビワ、ミカンの防寒準備。ミカン、カキ、リンゴの収穫。

11月　暦と行事予定表

		節　気　・　行　事	予　　　定
1	（金）	灯台記念日、教育文化週間、新米穀年度、計量記念日	
2	（土）	キッチン・バスの日	
3	（日）	●文化の日、サンドウィッチの日	
4	（月）	振替休日、消費者センター開設記念日、上弦の月	
5	（火）	雑誌広告の日	
6	（水）		
7	（木）	鍋の日	
8	（金）	立冬、一の酉、世界都市計画の日、ふいご祭、刃物の日	
9	（土）	119番の日、太陽暦採用記念日　秋の全国火災予防運動（～15日）	
10	（日）	トイレの日	
11	（月）	世界平和記念日、鮭の日、チーズの日	
12	（火）	皮膚の日、洋服記念日、満月	
13	（水）	うるしの日	
14	（木）		
15	（金）	七五三、かまぼこの日、きものの日	
16	（土）	いろいろ塗装の日	
17	（日）	将棋の日、とおかんや	
18	（月）	土木の日	
19	（火）	庚申	
20	（水）	二の酉、毛皮の日、下弦の月	
21	（木）		
22	（金）	小雪、いい夫婦の日、回転寿司記念日	
23	（土）	●勤労感謝の日、外食の日、甲子	
24	（日）	オペラ記念日、鰹節の日	
25	（月）	ハイビジョンの日	
26	（火）	ペンの日、いい風呂の日	
27	（水）	ノーベル賞制定記念日、新月	
28	（木）	税関記念日、己巳	
29	（金）	議会開設記念日	
30	（土）	カメラの日、本みりんの日	

11月の野菜づくり

落ち葉堆肥を作る

堆肥は土づくりの要となるもの。これからの季節は落ち葉が大量に入手できます。秋野菜の収穫が終われば畑仕事も一段落するので、良質な堆肥づくりに挑戦してみましょう。

【堆肥とは】
堆肥は収穫残渣、落ち葉、樹皮（バーク）などの植物残渣や牛、鶏などの家畜糞を原料に微生物を働かせて発酵させたものです。堆肥には次のような効能があります。
① 堆肥に含まれる窒素、リン酸、カリ、石灰、苦土などの多量要素や、鉄、銅、マンガンなどの微量要素を含み、これら養分の保持力が増大します。
② 有機物の分解で生じる腐植やミミズなどの生物の働きで土壌の団粒化が進みます。
③ 堆肥は土壌微生物の栄養源となり、微生物の働きで、野菜の活性を高めます。

【落ち葉堆肥とは】
腐葉土は落ち葉を積んで腐らせたものです。広葉樹の中でも、ケヤキ、コナラ、クヌギなどが堆肥材料に適しています。落ち葉堆肥は、落ち葉に米ぬか、油かす、骨粉などの有機質肥料を重さの1～2％程度加えて発酵させたもので、肥料分を含んだ堆肥になります。

【落ち葉堆肥の作り方】
落ち葉を米ぬかなどとサンドイッチ状に積み重ね、1mくらいに積み上げておきます。壁を利用したり、ベニヤ板でコの字型などの囲いで堆積場を作るとよいでしょう。1～2ヶ月に1回の切返しをすれば、半年～1年で出来上がります。

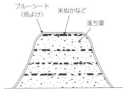

① 落ち葉を20cm程度の厚さに積む。
② 米ぬか、油かすなどを振りかける。
③ 踏むとしみ出してくる程度の水を撒く。
④ 以上を4～5回繰り返す。
⑤ 雨よけのために、ビニールシートで覆う。
⑥ 1か月ごとに3～4回切り返す。
⑦ 落ち葉がボロボロに崩れてきたら完成。

図　落ち葉堆肥のつくり方

（神奈川県種苗協同組合　成松　次郎）

オリンピックこぼれ話

メダルに最も愛されたカール・ルイス

これまでに多くのスターを生み出してきたオリンピックですが、中でも1980年代から90年代にかけて無敵を誇った陸上界のスーパースターがカール・ルイスです。

ルイスがすごいのは、短距離走で最強だっただけでなく、使う筋肉が異なる走り幅跳びでまで金メダルを獲得したことでした。

アメリカ、アラバマ州生まれのフレデリック・カールトン・ルイスは、身長188cm、体重88kgという恵まれた体躯を生かして、陸上競技界の頂点に君臨。

世界順位に初めて載った1979年から1996年のオリンピック終了までに、10個のオリンピックメダルと10個の世界選手権メダルを獲得しました。

しかも、五輪では10個のうち9つが金メダル、世界選手権では10個のうち8つが金メダルですから、まさに最もメダルに愛された男といえるでしょう。

特に地元開催のロスオリンピックでは、100m、200m、400mリレー、そして走り幅跳びで金メダルを獲得。世界中を熱狂させました。

さらに世界で最初に10秒の壁を破ったその偉大さは、いまも人々の脳裏に焼き付いています。

アトランタオリンピックではルイスはすでに35歳となっていて、力の衰えは隠せませんでしたが、走り幅跳びで金メダルを獲得して、オリンピック個人種目4連覇の偉業を達成しました。その後1997年には競技を引退して、一時、俳優や歌手として活動していました。

現在は自身のマーケティング会社を経営するほか、国連の親善大使としても活躍。

いま最も力を入れているのは、2024年のロスオリンピック誘致で、招致ビデオにも登場して熱い思いを語っています。

11月 1 日㈮	天気		行事	
	気温	℃		

灯台記念日、教育文化週間、新米穀年度、計量記念日

11月 2 日㈯	天気		行事	
	気温	℃		

キッチン・バスの日

三重県のなれずし

　なれずしとは、塩漬けした魚を飯とともに漬けこむことにより、乳酸発酵して酸味が出て、出来上がるすしのことで、現在の一般的な食酢を使ったすしの原点として位置づけられるものである。食酢によるすしと異なり、発酵による酸味と独特の風味が嗜好を左右するといえよう。

　琵琶湖周辺のふなずしが全国的に有名であるが、ふなずしは漬け込み期間が長く、一緒に漬けた飯は食べない「本なれ」タイプのなれずし

であるのに対して、三重県のなれずしは、数日から数ヶ月漬けて、飯と共に食する「なまなれ」タイプのなれずしである。

　三重県では北勢から東紀州まで全県的に8カ所以上でなれずしが漬けられており、これらのなれずしは、使用する魚種、飯の炊き方、漬ける際の補助的植物、漬ける時期、漬ける期間などがそれぞれに異なり、仕上がりもバラエティに富んでいる。

　漬けられる魚は、今まで調べた中では、あゆ、

－ 202 －

11月 3日 ㊐	天気	行事	
	気温　　　　℃		

▣文化の日　　　　　　　　　　　　　　　　　　　　　　　　　　　　　　　　　サンドウィッチの日

11月 4日 ㊊	天気	行事	
	気温　　　　℃		

振替休日　　　　　　　　　　　　　　　　　　　　　　　消費者センター開設記念日、上弦の月

さんま、さば、このしろ、鯛、鯵で、今年はかますも漬けられた。漬ける際に使用する植物は、ウラジロ、花ミョウガの葉、柚子の葉と実と汁、生姜など。漬ける目的は、祭礼の神饌またはお正月用が主である。

　かつては全国各地に郷土色豊かな各種のなれずしが見られたが、今日では多くのものが廃れ、伝承が危ぶまれている。三重県のなれずしも、神社の祭礼と関わっているものは氏子たちが組織をしっかり守っているので伝承されている

が、神社が合祀されてなくなったところは祭礼もなくなり、なれずしに愛着をもつ人が個人で作ってきたのが現状で、これも高齢化や受け継ぐ人がいないなどの理由で絶えたところもあり、風前の灯である。しかしこの伝統的な技法（発酵食品）と味は三重県のみならず、日本にとっても食文化遺産として守り伝えたいものである。

（三重大学名誉教授　　成田　美代）

11月 5 日㈫	天気		行事	
	気温	℃		

雑誌広告の日

11月 6 日㈬	天気		行事	
	気温	℃		

農地の積雪深を1kmメッシュで推定する

　北陸地方や東北・北海道の日本海側などは世界でも雪が多い地域の一つで、日本の国土面積の約半分が豪雪地帯、約20％が特別豪雪地帯に指定されています。稲作にとっては山地の積雪は田植え期の用水となりますが、一方、ドカ雪が降るとビニルハウスや果樹などに被害をもたらします。また、大雪で消雪日が遅延すると、麦類や牧草に雪腐れ病が蔓延したりもします。

　これらの被害を軽減する対策を施したり、春先の作業計画などのためには、自分の圃場の積雪量を正確に知ることは重要です。しかし、積雪深を観測している気象庁のアメダスは全国で約320箇所しかないため、地域の代表的な値しかわかりませんし、自分で計測するにしても、除雪された道路から離れた圃場では、現場に行くだけでも大変です。

　そこで農研機構では、1kmごとの格子点ごとに積雪深を推定し、日単位で更新するサービスを始めました。現況値だけではなく、気象庁の週間天気予報に基づいた予測値も出力できます

11月 7 日㊍	天気		行事
	気温	℃	

鍋の日

11月 8 日㊎	天気		行事
	気温	℃	

立冬、一の酉、世界都市計画の日、ふいご祭、刃物の日

ので、数日先までの作業計画の参考として用いることもできます。ただし、1km単位ですから、地形による吹き溜まりなど、細かい分布は表現できません。

　この積雪情報は「農研機構メッシュ農業気象データ」で、気温や降水量などの気象データと共に提供しており、非営利であればユーザー登録して利用できます。ただし、使用にあたっては、インターネットにつながったパソコンおよび、プログラミング言語の「Python」か、表計算ソフトの「エクセル」のいずれかが必要となります。興味のある方は検索してみてください。

（農研機構　北海道農業研究センター

小南　靖弘）

11月 9 日㊏	天気	行事
	気温　　　　℃	

119番の日、太陽暦採用記念日、秋の全国火災予防運動（〜15日）

11月10日㊐	天気	行事
	気温　　　　℃	

トイレの日

郷土の料理「いも串」

　栃木県では、里芋は煮物やけんちん汁などに欠かせない身近な農産物です。

　「芋串」は、県内では、県北、鹿沼市周辺や宇都宮市の北部旧上河内地域などで作られる芋料理です。

　宇都宮市北部の羽黒山神社の秋の例大祭では、ゆず味噌をかけた芋串が、香ばしく焼かれて売られるなど、伝統食として欠かせないものです。

【材料4人分】
　里芋：400ｇ
　味噌だれ：（味噌100ｇ、砂糖100ｇ、みりん
　　　　　　60ｇ）
　ゆず・さんしょうの若芽など（季節によっ
　　　　　て）　好みの量
【下準備】
　里芋は、外皮を洗い落とし、ざるにあげて、
　１〜２時間位陰干しをすると良い。

- 206 -

| 11月11日㊊ | 天気 | | 行事 |
| | 気温　　　℃ | | |

世界平和記念日、鮭の日、チーズの日

| 11月12日㊋ | 天気 | | 行事 |
| | 気温　　　℃ | | |

皮膚の日、洋服記念日、満月

【作り方】

①里芋は、大きいものは、食べやすい大きさに切り揃える。

②蒸し器にクッキングペーパーを敷き、里芋を入れ、串が通るまで蒸す。

③ざるに広げ、串に３〜４個の芋をさす。

④オーブンや炭火等で両面を焼く。

⑤味噌だれを作る。

●鍋にみそ、砂糖、みりんを入れ、火にかけ、とろみが出るまで、焦げつかないようにしゃもじ等でかき混ぜながら煮詰める。

●ゆずのすり下ろしやさんしょうのみじん切りを加える。

⑥焼けた芋串に味噌だれをつけてもう一度軽く焼く。

参考資料:栃木県農業者懇談会発行
「子や孫に伝えたい郷土の料理とちぎ」
（栃木県農業者懇談会　関亦　初枝）

11 月 13 日㊌	天気		行事	
	気温	℃		

うるしの日

11 月 14 日㊍	天気		行事	
	気温	℃		

酉の市　関東に冬の訪れを告げる風物詩

　11月の酉の日に、おもに関東地方で行われる行事が『酉の市』。東京浅草の鷲神社、東京足立区の大鷲神社のものが有名です。どちらの神社の参道にも、商売繁盛や開運招福を願った千両箱や米俵、鶴亀といった縁起物で飾られた熊手がところ狭しとならべられ、売れるたびに威勢のいい手締めが行われます。

　もともとこの行事は、秋の収穫を感謝して、現在の足立区にある大鷲神社にニワトリを奉納したのが始まりだったと言われています。

　当時の大鷲神社の周辺は静かな農村。参拝者は古くより観音様で賑わっていた浅草の鷲神社に流れましたが、両社ともに、酉の日はおおいに賑わい、今では東京下町の冬の風物詩ともなっています。

　酉の市の発祥の起源とされる大鷲神社の創建ははっきりとはしませんが、平安時代後期の武将・源義光が、後三年の役（1083年）のおり、兄の義家を助けに東北に向かう途中にこの地に立ち寄り、戦勝を祈願して鷲を祀ったのが神社

11月15日㊎	天気		行事	
	気温	℃		

七五三、かまぼこの日、きものの日

11月16日㊏	天気		行事	
	気温	℃		

いろいろ塗装の日

名の由来とされています。大鷲神社は、武士の ため の、戦勝祈願の神社として始まったのです。
　酉の市で売られる熊手は、鷲のツメを模した ものといわれ、鷲が獲物をわしづかみするよう に福をかき集め、富をつかむことを祈願したも のです。購入に際しては、客は熊手商に代金を 負けさせ、負けさせた分はご祝儀として店側に 渡すのが、『粋な買い方』とされています。前 出の手締めも、このご祝儀があった場合に行わ れることが多いようです。

　この酉の市が終わると、関東は晩秋から本格 的な冬へと向かい、やがて来る年末に備え始め るのです。

（千羽 ひとみ）

11 月 17 日 ㊐	天気		行事	
	気温	℃		

将棋の日、とうかんや

11 月 18 日 ㊊	天気		行事	
	気温	℃		

土木の日

静岡の水わさび　～世界に認められた伝統栽培～

　静岡県のわさび栽培は、安倍川流域や伊豆半島など、豊富な湧水に恵まれた地域に広がり、県内で独自の発展を遂げました。現在、生産量、栽培面積、産出額とも日本一であり、特に産出額は全国シェアの7割を占めるなど、高い地位と品質を誇ります。

　わさび栽培は、今から400年以上前に現在の静岡市葵区有東木で始まり、栽培発祥の地とされています。駿府城で晩年を送っていた江戸幕府初代将軍徳川家康公は、献上されたわさびを

気に入り、門外不出の御法度品としたという言い伝えも残されています。

　19世紀後半に、現在の伊豆市で開発された「畳石式わさび田」は、豊富な湧水を表層と地下層に通すことで、水温の安定と栄養分や酸素の供給を実現した独自の栽培方法であり、年間を通じて、高品質なわさびの安定生産が可能となっています。

　自然を最大限に利用したわさび田は、肥料や農薬を極力使用せず環境に負荷を与えないた

11 月 19 日 ㊋	天気		行事
	気温	℃	

庚申

11 月 20 日 ㊌	天気		行事
	気温	℃	

二の酉、毛皮の日、下弦の月

め、わさび田周辺の環境を保全し、生物多様性の維持に貢献しています。また、わさび田やその周辺の豊かな森林は、四季を通じて美しい景観を創り出しています。

わさびは山間地において高い収益を誇る基幹作物で、わさび漬けに代表される加工品作りも盛んです。また、鮨などの和食文化の発展にも貢献する、世界が注目する食材です。

静岡のわさび栽培地域は、伝統的な農業を営む地域として、平成29年3月に日本農業遺産に、更に1年後には、世界農業遺産に認定されました。この世界に認められた静岡水わさびの伝統栽培の保全・継承に、地域が一丸となって取り組んでいきます。

（静岡県 農芸振興課　海瀬　和明）

11月21日㊍	天気		行事
	気温	℃	

11月22日㊎	天気		行事
	気温	℃	

小雪、いい夫婦の日、回転寿司記念日

小春日和

小春日和はどこかへ出たくなる夫婦　杉野　暁朗
　晩秋から初冬にかけて、強い季節風も吹かず、晴天が続き、日中はぽかぽかとして春を感じさせる陽気になる。週末と重なったりするとどこかへ出かけたくなる。観光地などがひと月前の行楽シーズンのにぎわいを取り戻したりする。
小春日の蛇にばったり会う散歩　川原　伸子
　蛇も陽気に誘われて出てきたところが人間と出くわしてしまった。

睡魔ふと浮子の影消す小春凪　　藤田　光俊
小春日に夫婦善哉波止場の釣り　礒田　元興
　釣りをしていて、うとうととするのも小春日和ならでは。たまの休みを夫婦でのんびりと釣り糸をたれる。大物が釣れてくれたらありがたいが、釣れなくてもゆったりと過ごせた時間をありがたいものにしたい。
小春日に働く足と遊ぶ足　　　　寺井　吟星
　たまさかの小春日和を行楽に出かける人がいれば、行楽を支える人もいる。行楽地で働く人

11月23日 ⊕	天気		行事	
	気温	℃		

🎌●勤労感謝の日　　　　　　　　　　　　　　　　　　　　　　　　　　　　外食の日、甲子

11月24日 ⊜	天気		行事	
	気温	℃		

オペラ記念日、鰹節の日

達である。

小春日に釣り人の影船の影　　浦島　正昭

　冬がくれば、のんびりと行楽を楽しむことも
ままならない。特に師走が控えている。多忙の
中にこの一年が終わると思うと、数日間の小春
日和は大切にしたい。

小春日へ胸のとばりを広げんか　永田　六龍子
小春日に心の靄も干してみる　　　寺崎　保

　田畑の収穫作業はほぼ終わって、これからは
片づけ作業や来年にむかって大まかなプラン設
計だろうか。もっともハウス栽培に取り組んで
いると栽培作業は休みなく行われているでしょ
う。それにしても行楽のお誘いはうれしい。

小春日の誘いはとてもロマンです　柏木　和代

　誘われて黒部ダムに来たが、森厳としたたた
ずまいに身の引き締まる思いにうたれた。

小春日の黒部湖すでに冬の貌　　　脇坂　正夢

（NHK学園川柳講師　橋爪まさのり）

11月25日㈪	天気		行事	
	気温	℃		

ハイビジョンの日

11月26日㈫	天気		行事	
	気温	℃		

ペンの日、いい風呂の日

アナゴのなべ　～身は脂肪分少なくヘルシー～

　山陰の伯耆富士・大山が初冠雪し、冬の足音が聞こえてくると、いよいよなべ物がおいしいシーズンがやってきます。一家団らんで、あるいは同僚や仲間たちとなべを囲む楽しさは格別です。なべの材料は豊富にありますが、少し変わったところで「アナゴ」のなべを紹介します。

　「アナゴ」のあっさりとした脂肪分の少ない身はヘルシーです。焼いたアナゴの香ばしさが漂い、一度食べたら病みつきになりそうです。是非一度試してみて下さい。

【材料３人分】
アナゴ：１匹（３人分）
白ネギ：適宜
豆腐：適宜
昆布：適宜
しめじ：適宜
たれ（しょう油、砂糖）
吸い物だし
【作り方】
①包丁の刃をアナゴの表面に直角に当て、軽く

11月27日㈬	天気		行事
	気温	℃	

ノーベル賞制定記念日、新月

11月28日㈭	天気		行事
	気温	℃	

税関記念日、己巳

削ぐようにしてヌメリをとる。
②ウナギを捌く要領で開く。
③タレの砂糖しょう油をかける。
④表裏をカリッとする程度まで焼き、食べやすいように2～3cm幅に切る。
⑤濃い目の吸い物だしを作る。
⑥⑤に具を入れ、煮立ったら焼きアナゴを入れて出来上がり。
【ワンポイントアドバイス】
　ウナギと違って出刃包丁でも捌けます。焼き

アナゴは、しゃぶしゃぶ風にさっと湯通しをして食べても美味しいです。野菜の他、具は何でも合います。ウナギ料理の練習に、アイスピックでまな板に頭を固定し、左手に軍手をして包丁で背から捌いてみて下さい。

（島根県郷土料理研究家　橋本　勝正）

11 月 29 日 ㊎	天気		行事
	気温	℃	

議会開設記念日

11 月 30 日 ㊏	天気		行事
	気温	℃	

カメラの日、本みりんの日

★自己破産とは

　自己破産とは借金の支払いが不可能であるということを裁判所に認めてもらい、借金をゼロにしてもらう手続きです。「債務整理」と呼ばれる借金救済の手続きに含まれ、破産法という法律で定められています。

　自己破産のもっとも大きなデメリットは、当たり前のことですが、財産を失うことです。「財産を残したまま借金だけを帳消しにする」という虫の良いことはできません。

　自己破産の手続きは、まず所有している財産を金銭に換え、借金の返済に充てます。そして不足分を裁判所の効力によって帳消しにするというものです。

　しかしながら、自己破産をするとすべての財産を失ってしまうわけではありません。衣食住のための最低限の財産（各20万円以下のもの）は認められています。

　住むところもなく生活費も確保できないのではと勘違いされている方もいますが、決してそのようなことはありません。

12月 December

秩父夜祭り
(埼玉県秩父市・秩父神社)

●節気・行事●

大 雪	7日
冬 至	22日
クリスマス	25日
大 祓	31日

●月　　相●

○満　　月　12日
●新　　月　26日

12月の花き・園芸作業等

花　　き

冬花壇へのハボタンの植え付け。秋播き一年草苗への追肥。宿根草花への防寒マルチング。バラ大苗の花壇植付けと鉢上げ。春バラのための剪定。キクの冬至芽挿し。花壇用土、鉢用土の準備。庭木、花木への元肥の施用。落葉樹の剪定。マツの剪定と植替え。庭木の採種と播種。

野　　菜

促成果菜類の定植。キャベツ、カリフラワー、ブロッコリー、タマネギ、チシャの定植。ミツバ伏込み株の堀上げ。ハクサイ、ダイコン、ホウレンソウ、カブ栽培跡地、果菜類作付予定地への石灰散布と耕起。ダイコン、ハクサイ、キャベツ、ハナヤサイ、カブ、ネギ、ホウレンソウ、菜類の収穫。ニンジン、ゴボウ、ハクサイの貯蔵。堆肥の積込み、ダイコン、菜類の病害防除。

果　　樹

果樹類の防寒。ナシ、モモ、カキ、ウメ、イチジク、ブドウ、ビワの施肥。ナシ、ウメの剪定。ナシ苗木の移植。ブドウ、ナシ棚の取換え。果樹園の落葉処分。ビワに対する石灰硫黄合剤の散布。ミカン、ナシ、モモ、カキの害虫駆除のための機械油乳剤の散布。

12月　暦と行事予定表

	節　気　・　行　事	予　　　　定
1 ㊐	歳末助け合い運動、鉄の記念日、映画の日、エイズの日	
2 ㊊		
3 ㊋	障害者週間、個人タクシーの日	
4 ㊌	人権週間、上弦の月	
5 ㊍	納めの水天宮、国際ボランティアデー、アルバムの日	
6 ㊎		
7 ㊏	大雪	
8 ㊐	こと納め、針供養、納めの薬師	
9 ㊊		
10 ㊋	世界人権デー、納めの金昆羅	
11 ㊌	胃腸の日	
12 ㊍	漢字の日、満月	
13 ㊎	ビタミンの日	
14 ㊏		
15 ㊐	年賀郵便特別扱い	
16 ㊊	電話の日	
17 ㊋	飛行機の日	
18 ㊌	納めの観音	
19 ㊍	下弦の月	
20 ㊎	道路交通法施行記念日、ブリの日	
21 ㊏	納めの大師	
22 ㊐	冬至、ゆず湯	
23 ㊊	平成の天皇誕生日	
24 ㊋	クリスマスイブ、納めの地蔵	
25 ㊌	クリスマス、終いの天神	
26 ㊍	新月	
27 ㊎		
28 ㊏	納めの不動	
29 ㊐		
30 ㊊	地下鉄記念日	
31 ㊋	年越し、大はらい、除夜の鐘	

野菜の冬越しと貯蔵

12月の野菜づくり

　寒さに向かう季節には、野菜を越冬させる防寒対策と貯蔵など、大切な作業が控えています。地域にあった方法で防寒と貯蔵を行い、せっかく採れた野菜を上手に利用しましょう。

【被覆資材で防寒】

　トンネルや不織布のべたがけは、防寒の効果が高いので、上手に使いましょう。ただし、トンネルの密閉は日中に気温が上がり、軟弱に育ってかえって耐寒性を低下させます。スソを開放しておいても防寒効果が得られます。

【身近な材料を使う】

　北風を防ぐだけでも、野菜周辺の気温を高める効果があります。ササやワラを畝の北側に少し斜めに野菜を覆うように立て掛けます。畝は東西方向に作り、畝の北側は10cm程度に土を盛るとよいでしょう。エンドウやソラマメは敷きわらや不織布で防寒します。

【土寄せなどの工夫】

　ダイコン、カブなど地上に出ている肩に土寄せして寒害を防ぎます。

　ハクサイやブロッコリーでは、外葉の葉を内側に折り曲げて縛ります。
　イチゴ、エンドウは、株元に落ち葉や刈り草を敷いて防寒します。

【土中貯蔵】

　ダイコン、ニンジンは葉を切り落とし、深さ20〜30cmの穴に斜めに寝かして、土を掛けておきます。サトイモ、サツマイモは寒さに弱いので、排水のよいところに深さ60cm程度の穴を掘り、サトイモでは子イモ、孫イモをくずさないように逆さに埋けます。また、サツマイモはイモの成り首を付けたまま埋けて、30cmくらいに盛り土して、上にビニールシートで雨よけします。ショウガの貯蔵温度は13〜15℃と他の野菜より高いので土中深く埋けます。

（神奈川県種苗協同組合　成松　次郎）

五輪出場が危ぶまれていた高橋尚子

オリンピックこぼれ話

　2000年、女子スポーツ界で初の国民栄誉賞を受賞した高橋尚子が歩んできた道は、決してエリートコースではなく、むしろ地味で目立たない上り坂でした。

　岐阜県出身の高橋が陸上競技を始めたのは中学生の頃で、高校時代は県大会で岐阜県1位の成績を上げ、大学時代は日本学生種目別選手権の1500mで優勝し、全国での初タイトルを獲得しています。

　ただ、大学卒業後の進路については迷いが多く、小出義雄監督率いるリクルートの門を叩きたい気持が強まる一方でした。

　そこで、高橋は自分の思いを直接小出監督に伝えると、北海道合宿に参加できることになったのです。そこで高橋の走りを見た監督は、一日でその素質を見抜き、契約社員という条件でリクルートの入社を許可したのです。

　ところが、当時のリクルートには有森裕子、鈴木博美、志水見千子といった日本代表クラスの選手がずらりと揃っていて、高橋にはなかなか出番が回ってきませんでした。

　しかし、その後、小出監督について入社した積水化学では徐々に頭角を現し、1998年の名古屋国際女子マラソンでは日本最高記録をマークし、マラソン初優勝を果たしたのです。その後次々とタイトルを取ったQちゃんこと高橋は、シドニー五輪のメダル候補として注目を集めます。そして2000年の春には五輪最終選考会となった名古屋国際女子マラソンに出場。レース後半には先頭集団から一気に抜け出して、大会新記録で優勝。シドニー五輪代表の切符を獲得します。

　ただ、この時まで高橋は「世界で勝てるレベルではない」と評価されていて、五輪出場は難しいと思われていたとか。その評価を実力で書き変えたのですから、Qちゃんの運の強さも金メダル級だったのでしょう。

| 12月 1 日 ⽇ | 天気 | 行事 |
| | 気温　　　　℃ | |

歳末助け合い運動、鉄の記念日、映画の日、エイズの日

| 12月 2 日 ㊊ | 天気 | 行事 |
| | 気温　　　　℃ | |

足　　袋

足袋は足の防寒用で、綿のキャラコやブロードが主で、合繊織物もある。羽二重やあや絹などは礼装用で、コール天、べっちんなどは日常の防寒用とされる。裏衣は夏はさらし木綿、冬はネルが、底は厚地のもめんあや織を用いる。

足袋の穴そう思いつつ三日過ぎ　　馬場　浪二
ため涙足袋のこはぜをかけ直し　　下尾　キヨ

普段着がほとんど洋服となるなかで、足袋も礼装用が主流になった。

慶びも哀しみも知る白い足袋　　　　伴　洋子

むかしの足袋は、指の股のないもので履をはく時に用いられた。布製と革製があり、布製は卑賤の者と決まっていた。

皮のものは指の股を作り、武士用となりこれを単皮（たんぴ）と称した。

白足袋を汚ごして帰るいい機嫌　　上田　芝有

16世紀中頃は、男は小桜の紋様のある皮足袋、女は紫の皮足袋が流行したらしい。

今日の足袋は江戸時代からのもので、それま

12月 3 日㊋	天気	行事
	気温　　　　℃	

障害者週間、個人タクシーの日

12月 4 日㊌	天気	行事
	気温　　　　℃	

人権週間、上弦の月

では紐で結んでいたものが「こはぜ」になった。色は白、黒、紺が多く、赤い足袋は子供用。その他の色足袋は女性用とされる。

義理ひとつ果たす白足袋きつく履く　小林　瑠璃
白足袋のはげしきまでの意地を溜め　北山　紀世

　足袋の大きさは底の長さで示される。もとは文数で示された。1文とは1文銭（寛永通宝）一個の直径（8分、2.4cm）である。例えば10文の足袋といえば、底の長さ8寸、24cmである。

お見合いのいい人だった足袋を脱ぎ　窪田善秋

　かたくなって臨んだお見合いだったが、人柄のよさを感じ、おつきあいする約束までしてきた。初対面なのに、浮き浮きした気持になっているのは、ゴールインへ向かう神様の筋書きなのだろうか。良い年を迎えそうだ。

元日は和服夫婦の足袋を買う　　　山根　陽一

（NHK学園川柳講師　橋爪まさのり）

12月 5 日㊍	天気	行事
	気温　　　℃	

納めの水天宮、国際ボランティアデー、アルバムの日

12月 6 日㊎	天気	行事
	気温　　　℃	

大崎市岩出山地域の特産品「岩出山凍り豆腐」

　「岩出山凍り豆腐」の歴史は古く、江戸時代末期に斉藤庄五郎氏が奈良で「氷豆腐」の製造を学び、岩出山に持ち帰ったことが始まりと伝えられています。

　岩出山凍り豆腐は、原材料に宮城県産大豆を使用しています。5cm²に切りそろえた豆腐を凍結・低温熟成した後、一旦水にさらして解凍し、水分を絞ってアクを取り除いた後、再凍結させ、乾燥させます。この独自の工程を経ることにより、雑味が少なく大豆の風味を引き出すことが

できます。また、一般的な凍り豆腐は重曹などの膨軟剤を使用したものが主流ですが、岩出山凍り豆腐は膨軟剤を一切使用しない昔ながらの製法で、素朴な味と歯触りを守り続けています。また、調理に使用する際は、水戻しに時間がかかりますが、煮崩れせずに形が整ったまま出汁がよく染みこみます。

　岩出山凍り豆腐が製造されている大崎市岩出山地域は、宮城県北西部、奥羽山脈の東側に位置しており、冬は乾燥し寒さが厳しい地域です

12月 7 日㊏	天気	行事
	気温　　　　℃	

大雪

12月 8 日㊐	天気	行事
	気温　　　　℃	

こと納め、針供養、納めの薬師

が、周囲の地域に比べて雪が少なく、風もそれほど強くありません。凍結・乾燥が必要な凍り豆腐製造に最適な環境を活かし、冬場の換金作物として、また、貴重なたんぱく源として開発され、現在に至るまで独自の改良を重ねながら作り続けられています。

地元では正月の仙台雑煮をはじめとした郷土料理、おでん・鍋用の具材として重宝されています。

さらに、平成30年には農林水産省の地理的表示（GI）保護制度に登録され、岩出山凍り豆腐のブランド化が期待されています。

この機会に、岩出山凍り豆腐をぜひお試しください。

（宮城県 農林水産部 食産業振興課

佐久間　宣之）

12月 9 日㈪	天気		行事
	気温	℃	

12月10日㈫	天気		行事
	気温	℃	

世界人権デー、納めの金昆羅

野菜に付くアブラムシはどこにいるのか

　春になるとどこからともなくアブラムシがやってきて、野菜で大発生します。しかし、夏になると全く見かけなくなります。アブラムシはいったいどこからやってきて、どこに行ってしまうのでしょうか。

　アブラムシの多くは、好きな植物が限られています。例えば、ダイコンでよく見かけるニセダイコンアブラムシは、アブラナ科植物にしか付かず、アブラナ科の雑草であるスカシタゴボウやイヌガラシなどで冬を越し、春になるとそ

の一部が野菜に飛んできます。このように、栽培している野菜と同じ仲間（科や属）の雑草が、その野菜で問題となるアブラムシの発生源となることが多くみられます。

　一方で、違う仲間の植物がアブラムシの発生源となることもあります。アブラナ科のナズナは、アブラナ科だけでなく、イネ科やマメ科作物に付くアブラムシ（ムギヒゲナガアブラムシやマメアブラムシなど）が発生し、まるでアブラムシの溜まり場のようになります。

12月11日㈬	天気		行事	
	気温	℃		

胃腸の日

12月12日㈭	天気		行事	
	気温	℃		

漢字の日、満月

　夏には、野菜だけでなく、その周辺の雑草からもアブラムシがいなくなります。実は、アブラムシがどこに行ってしまうのか、まだ十分に分かっていません。春にセイタカアワダチソウでよく見かけるセイタカアワダチソウヒゲナガアブラムシは、夏に平地で全く見かけなくなりますが、九州では、山の上の方にあるセイタカアワダチソウで生活していることが分かっています。野菜に付く多くのアブラムシも、涼しい山で夏の暑さをしのいでいるのかもしれませ

ん。暑さが和らいでくる秋には、平地でも再び野菜や雑草上でアブラムシが見られるようになります。

（九州沖縄農業研究センター

安達　修平）

12月13日㊎	天気		行事	
	気温	℃		

ビタミンの日

12月14日㊏	天気		行事	
	気温	℃		

雪国山形から春を届ける啓翁桜

　山形県では県を挙げて、啓翁桜の生産に力を入れており、全国一の生産量を誇っています。啓翁桜は冬に満開の花が楽しめる桜として人気が高く、しなやかな細い枝にたくさんの薄紅色の花が咲きそろう姿がとても華やかです。

　特に年末年始のお歳暮やお正月飾りに好まれ、近年では成人祝い、3月の桃の節句、卒業式などのハレの日の演出を彩る花として、ますます需要が増えてきています。

　山形県では昭和40年代に全国に先駆けて啓翁桜の促成栽培が始まりました。桜は、秋になって気温が下がりだすと休眠に入ります。その後、一定の低温に当たることで準備が整い、気温が上がれば開花できる状態になって春を待ちます。生産者は真冬のハウス（促成室）の中で寒さと暖かさを調整しながら開花を促していき、桜はてっきり春が来たと思って花を咲かせます。山形県は秋の訪れが早いため、桜もその分早く休眠に入り、早く目覚めさせることができます。

12 月 15 日 ㊐	天気		行事	
	気温	℃		

年賀郵便特別扱い

12 月 16 日 ㊊	天気		行事	
	気温	℃		

電話の日

　山形市では啓翁桜の魅力を県内外に発信するため、1月中旬から2月末まで「冬のさくらキャンペーン」が開催され、山形市の中心市街地の各施設に啓翁桜を展示し、飲食店では桜にちなんだメニューの提供が行われ、春の訪れを感じることができます。

　啓翁桜と山形市にある三つの酒蔵の自慢の地酒がコラボレーションしたオリジナル地酒3本セット「桜三蔵（さくらさくら）」は啓翁桜から分離した酵母をブレンドして醸した特別純米酒です。それぞれ異なる味わいを飲み比べ楽しむことができ、期間・数量限定販売で例年大変好評です。

　山形の気候と長年の研究による培われた技術のより促成栽培された啓翁桜は、12月中旬から3月まで、一足早い春を彩る観賞用の切り枝として全国各地に出荷されます。

（JAやまがた　河合 美千代）

12月17日㈫	天気		行事	
	気温	℃		

飛行機の日

12月18日㈬	天気		行事	
	気温	℃		

納めの観音

雌雄で異なるカイガラムシの一生

　カイガラムシ類はアブラムシやコナジラミと同じくカメムシ目に分類される昆虫です。世界で約7,300種も存在し、自らが分泌したロウ状の物質で体が覆われていることが特徴です。農業現場では、果樹や鑑賞樹木の害虫として嫌われていますが、「カイコ」や「ミツバチ」と並んで世界三大益虫に数えられたのは、「ラックカイガラムシ」というカイガラムシの仲間です。そのロウ物質を精製した樹脂状の物質「シュラック」が、錠剤のコーティング剤や柑橘のフル

ーツワックス、弦楽器の艶出しワックスなど、幅広い分野で使われています。

　このようにカイガラムシは意外と人間の生活に身近な存在ですが、オスとメスの見た目が大きく異なることはあまり知られていません。ふ化したばかりの幼虫はオスとメスで同じ姿をしています。この時期は農薬を弾いてしまう分泌物がないため、防除の最適期です。メスはそのままの姿で分泌物をまとった成虫になります。ところがオスは、小バエのような、翅を持つ成

12月19日(木)	天気	行事
	気温　　℃	

下弦の月

12月20日(金)	天気	行事
	気温　　℃	

道路交通法施行記念日、ブリの日

虫へと姿を変えます。写真は分泌物が白い粉状のフジコナカイガラムシの成虫です。体のどこに収まっていたのかと驚くほど大きな卵嚢を産むたくましいメスに対し、小さなオス成虫は口を持たないため、エサも食べずに、数時間から数日で死んでしまうほど儚い命なのです。

（九州・沖縄農業研究センター
田中　彩友美）

12月21日㊏	天気	行事	
	気温　　　　℃		

納めの大師

12月22日㊐	天気	行事	
	気温　　　　℃		

冬至、ゆず湯

美しい紡錘形のいちご「いばらキッス」

　茨城県は農業産出額が全国第2位の農業県です。いちごの栽培も盛んに行われており、様々な品種が栽培されています。

　今回は、8年の歳月をかけて1万以上の系統の中から選抜された県オリジナル品種「いばらキッス」を紹介します。

　いばらキッスは主に鉾田市・行方市・筑西市を中心に栽培されており、県内のスーパーや直売所などで販売されています。

　美しい紡錘形の外観に加え、高い糖度と程よい酸味が絶妙なバランスであることが特徴です。

　平成21年から市場出荷が始まり、市場ニーズの高さに応えるように、生産者数は年々増加しています。

　また、ＪＡなめがたや拓実の会を中心とする「いばらキッスブランド研究会」では100個に1〜2個しか採れない果形が美しい30ｇ以上の大粒を揃えた特別な商品「特選いばらキッス」づくりにも力を入れております。

| 12月23日㊊ | 天気 | | 行事 | |
| | 気温 | ℃ | | |

平成の天皇誕生日

| 12月24日㊋ | 天気 | | 行事 | |
| | 気温 | ℃ | | |

クリスマスイブ、納めの地蔵

　栽培の面では、美しい紡錘形が特徴ではありますが、生育が活発になりすぎると果形が乱れるため、土づくりが大切です。
　また、炭そ病の発生率がやや高い品種なので、育苗期からの防除を徹底する必要があります。主要な産地であるＪＡ茨城旭村やＪＡなめがたでは、土壌の分析結果に基づいた施肥設計や部会員全員が防除日誌の記帳、残留農薬検査を実施し、トレーサビリティ（生産履歴管理）システムにも対応するなど、こだわり抜いた栽培方法で日本一のいちごを目指しています。

（茨城県 営業戦略部 販売流通課

本間　寛章）

12月25日㈬	天気		行事	
	気温	℃		

クリスマス、終いの天神

12月26日㈭	天気		行事	
	気温	℃		

新月

大晦日　正月準備を整え、来たるべき年に備える

　12月になると、どの地方、どの家庭でも新年への準備で慌ただしくなるものです。

　口火を切るように始まるのが、年末のお歳暮です。もともとはその年の歳神様に供物を捧げたのが起源とされ、それが転じて、お世話になった方々へ物を贈る行事になりました。

　12月も半ばを過ぎると、1年で昼がもっとも短くなる22日ごろの冬至の日に、カボチャを食べて年末年始の無病息災を願います。カボチャの黄色は、赤とともに、厄除けに効果がある色とされてきたからです。

　24〜25日のクリスマスが過ぎると、門松を準備します。新しい年の歳神様に道に迷わず下りていただくためのもので、おめでたい松や竹を組み合わせて作ります。29日に門松を立てるのは『二重苦』に通じ、31日は「一夜飾り（死者を弔う）」に相当することから、この両日は避けるべきとされています。

　そしてとうとうやって来た大晦日には、除夜の鐘を聞きながら、年越しそばをいただきます。

12月27日㊎	天気	行事
	気温　　　℃	

12月28日㊏	天気	行事
	気温　　　℃	

納めの不動

そばの細長い見た目から、長寿を願い、家が長く続くように、との願いからの行事と言われますが、実は「そばには金を集める力がある」とされ、縁起を担いだのだとも。

年越しそばの風習が始まったのは江戸中期。このころ盛んになった金細工を行う金職人たちは、散らばった金を集めるのに、そば粉を溶いて丸めたものを使っていました。そば粉は金を集める縁起物であり、来たるべき年の金運を願うのに相応しい食べ物だったのです。

年越しの除夜の鐘とともに、いよいよ新しい年の到来です。テレビでは『蛍の光』が斉唱され、各地の年越しの様子が伝えられます。

（千羽 ひとみ）

12月29日㊐	天気	行事	
	気温　　　　℃		

12月30日㊊	天気	行事	
	気温　　　　℃		地下鉄記念日

鮮やかなあめ色の果肉で上品な甘さ「市田柿」

　藁葺屋根の軒下に吊された「柿すだれ」は初冬の風物詩です。天竜川から湧き上がる川霧に包まれ、白い粉化粧をまとった「市田柿」は、自然環境を活かした天然スイーツです。残念ながら、現在では食品衛生上出荷するものは屋内で吊るされ、屋外で柿すだれを見ることは無くなりつつあります。

　長野県の干し柿は出荷量全国一を誇り（農林水産省平成27年産特産果樹生産動態調査）、ほとんどは南信州と呼ばれる飯田・下伊那地域の市田柿です。平成18年に地域団体商標、平成28年には地理的表示（GI）保護制度の登録を受けました。いずれも県内初で、長野県を代表する地域ブランドに成長しています。

　地元では、地域ブランドとしての市田柿の価値を高めるため、「市田柿ブランド推進協議会」を設立し、栽培・加工研修会やＰＲ活動などに取り組んでいます。

　おいしい市田柿は、皮剥きした柿をじっくり"干し上げ（乾燥）"、しっかりした"揉み込み"

| 12 月 31 日 ㊋ | 天気 | 行事 |
| | 気温　　　　℃ | |

年越し、大はらい、除夜の鐘

雑学スクール

★酒に強い人、弱い人

体内に入ったアルコールは肝臓で毒性の強い「アセトアルデヒド」という物質に変わります。これを分解酵素ALDH2（アルデヒド脱水素酵素2）が酢酸に変えます。

ところが日本人は約40％がこのALDH2の活性が弱い「低活性型」のため、酒に弱い体質になります。加えて、約4％の人は「不活性型」と呼ばれ、ALDH2の働きが全くなく、酒を飲めません。「低活性型」「不活性型」の人は、少量のお酒でも気分が悪くなってしま

うため、無理な飲酒はやめましょう。

このALDH2の活性タイプは、親からの遺伝によるため、生まれた時から決まっていて、後天的に変わることはありません。

年をとって体力が衰えてくれば、お酒にも弱くなります。若いころと同じように飲んでいたら、失敗や危険を引き起こすので注意が必要です。

が重要とされています。きめ細やかな白い粉に覆われ、果肉は鮮やかなあめ色と、羊羹状のもっちりとした食感、糖度は65〜70％あるものがよく、天然由来の上品な甘さが特徴です。

今や国内だけでなく、台湾や香港など海外でも人気で、日本の高級和菓子としてのイメージが広く定着しています。

長野県では、「市田柿」を「おいしい信州ふーど"プレミアム"」として重点的にブランド化を図っています。思い出深い信州旅行のお土

産にいかがでしょうか。

（長野県　農政部　農業政策課
農産物マーケティング室　戸沢　早人）

欧米、アジアと比べてみると　★アルコール消費量

　もしあなたがビール中毒なら、ドイツに行くべきです。ドイツ人は兎にも角にもドイツ・ビールを好みます。平均して1人当たり年間162ℓも飲みます。これには子供や飲まない人も含まれているので、実際はもっと高い数字になるでしょう。

　第2位はオーストラリアで、1人当たり156ℓを飲みます。次がベルギー、アイルランドで145ℓくらい。アイルランドでは黒ビールのギネス（Guinness）がつとに有名です。

　デンマークがそれに続いて140ℓくらい飲みます。世界的に有名なツボルグとカールスバーグがあるからでしょうか。英国はヨーロッパのなかでは平均的で、125ℓくらい。パブの文化が根づいているのでもっと飲んでいるイメージですが、案外平均的です。アメリカとカナダでは約94ℓ。

　次にワインについて見てみます。ワインの1位はイタリアで、イタリア人はビールに関しては年間14ℓしか飲まないのに、ワインは年間1

人当たり118ℓを飲み、ビンの本数に換算すると約175本になります。女性と子供を含めて、誰もが毎日半本ずつ飲んでいる計算になります。

　ワインの名門、フランスがこれに続き、1人当たり114ℓとなっています。わずかにイタリアに及びません。そして第3位が少し量に差があって、スペインが84ℓとなります。

　アメリカはワイン・カントリーでありながら、その消費量は少なく、わずか7ℓで、カナダもだいたい同じです。しかし英国はもっと少なくて6ℓでオランダやオーストラリアの半分以下です。

　そして日本はというと、ビールは年間1人当たり約40ℓ、ワインはなんとたった1ℓと、きわめて低い数字になっています。

欧米、アジアと比べてみると　★読書時間

　インターネットの普及などにより、読書をする時間が減ってきています。ネットから誰でも簡単に必要な情報だけを即座に手に入れることができる、それはそれで大変な進歩であり、革命的なことなのですが、「じっくりと腰を据えて本を読む」ことも、まだまだ捨てたものではありません。世界の人々の読書時間はどうでしょうか？　1週間の読書時間を、先進国を中心とした30か国で調べてみると、1位はインドで10.7時間、2位はタイ9.4時間、3位中国8.0時間、4位フィリピン7.6時間と、上位4か国はアジアの国が占めています。5位にエジプトが7.5時間と続き、以降チェコ、ロシア、スウェーデン、フランス、ハンガリーとヨーロッパの国々が並びます。わが国日本はというと、下から2番目の29位で、1週間の平均読書時間は4.1時間となっています。ちなみに最下位は韓国で3.1時間、ドイツとアメリカはともに22位で5.7時間となっています。日本がワースト2位というのは、思いのほか低い位置だと思わざるを得

ません。日本や韓国は識字率も高く、アジアの国の中では総じて勤勉といわれています。さらに年間の出版点数も多いはずなので、この調査結果は興味深くもあり、また意外でもあります。いずれにしても上位4か国は、どれも成長が著しいアジアの国であり、若い年齢層も多いだけに、同じアジアの同胞としても、今後の発展が期待されるところです。次に1人が1年間に読む本の冊数を、ヨーロッパの国でみてみましょう。1位がデンマークで5.7冊、2位が英国で5.5冊、以下スウェーデン、オランダ、フランス、スイスと続きます。冊数の少ない国は、スペイン2.8冊、オーストリア2.6冊、イタリア1.9冊となっています。

　総じて緯度の高い国で読書冊数が多いのは、永い冬の間に、空いた時間に読書をして過ごすことが多いからでしょうか？

メートル法、尺貫法換算早見表

メートル法換算早見表

尺貫法→メートル法

区分	尺貫法	計量単位比	メートル法	
長さ	1 寸	0.1 尺	3.03 センチメートル	(cm)
	1 尺	10／33 メートル	0.303030303 メートル	(m)
	1 間	6 尺	1.818 メートル	(m)
	1 町	60 間	109.09 メートル	(m)
	1 里	36 町	3927.27 メートル	(m)
	1 里	36 町	3.93 キロメートル	(km)
面積	1平方寸	0.01 平方尺	9.18 平方センチメートル	(cm²)
	1平方尺	$(10／33)^2$ 平方メートル	0.09 平方メートル	(m²)
	1歩(坪)	400/121 平方メートル	3.3057851 平方メートル	(m²)
	1 畝	30 歩(坪)	99.17 平方メートル	(m²)
	1 畝	30 歩(坪)	0.99 アール	(a)
	1 反	10 畝(300坪)	991.73 平方メートル	(m²)
	1 反	10 畝(300坪)	9.92 アール	(a)
	1 町	10 反(3,000坪)	9917.35 平方メートル	(m²)
	1 町	10 反(3,000坪)	0.99 ヘクタール	(ha)
体積	1立方寸	0.001 立方尺	27.82647 立方センチメートル	(cm³)
	1立方尺	$(10／33)^3$ 立方メートル	0.02782 立方メートル	(m³)
	1 立坪	216 立方尺	6.0105184 立方メートル	(m³)
	1 升	$\frac{2401}{13310000}$ 立方メートル	0.00180 立方メートル	(m³)
	1 升	$\frac{2401}{13310000}$ 立方メートル	1.80385 リットル	(ℓ)
	1 斗	10 升	0.01804 立方メートル	(m³)
	1 斗	10 升	18.03856 リットル	(ℓ)
	1 石	10 斗	0.18039 立方メートル	(m³)
	1 石	10 斗	180.38563 リットル	(ℓ)

（注）1ha = 100 a = 10,000 ㎡　1ℓ = 0.001000028m³

尺貫法換算早見表

メートル法→尺貫法

区分	メートル法	計量単位比	尺貫法
長さ	1センチメートル	$\left(\frac{1}{10}\right)^2$ メートル	0.33　寸
	1メートル		3.3　尺
	1メートル		0.55　間
	1キロメートル	10^3 メートル	550.00　間
	1キロメートル	10^3 メートル	9.17　町
	1キロメートル	10^3 メートル	0.25　里
面積	1平方センチメートル	$\left(\frac{1}{10}\right)^4$ 平方メートル	0.11　平方寸
	1平方メートル		10.89　平方尺
	1平方メートル		0.3025　坪
	1アール	10^2 平方メートル	1.008　畝
	1アール	10^2 平方メートル	30.25　坪
	1ヘクタール	10^4 平方メートル	1.008　町
	1ヘクタール	10^4 平方メートル	3025.00　坪
	1平方キロ	10^6 平方メートル	100.83　町
	1平方キロ	10^6 平方メートル	302500　坪
体積	1立方センチメートル	$\left(\frac{1}{10}\right)^4$ 立方メートル	0.036　立方寸
	1立方メートル		35.937　立方尺
	1立方メートル		0.166　立坪

区分	その他の単位	計量単位比	メートル法
長さ	1 インチ	$\frac{1}{12}$ フィート	2.54 センチメートル
	1 フィート		0.305　メートル
	1 ヤード	3 フィート	0.914　メートル
	1 マイル	5,280 フィート	1.609　キロメートル
面積	1 エーカー	4,840 平方ヤード	40.468　アール
	1 エーカー	4,840 平方ヤード	4046.8 平方メートル

主要農産物の容量と重さの換算表

品名	単位	メートル法単位	品名	単位	メートル法単位	品名	単位	メートル法単位
玄米	1石	0.15 t	アワ	1石	0.1275 t	リョクトウ	1石	0.15 t
精米	1升	1.425 kg	ヒエ	1石	0.075 t	ナタネ	1石	0.12 t
酒米	1石	0.15 t	キビ	1石	0.1125 t	ゴマ	1石	0.114 t
小麦(玄麦)	1石	0.136875 t	モロコシ	1石	0.1305 t	牛乳	1石	0.1875 t
大麦(玄麦)	1石	0.10875 t	ソバ	1石	0.1125 t	ラッカセイ	1升	1.128 kg
大麦(精麦)	1升	1 kg	ダイズ	1石	0.129 t	種もみ	1合	101 g
裸麦(玄麦)	1石	0.138775 t	エンドウ	1石	0.135 t	レンゲ種子	1合	132 g
裸麦(精麦)	1升	1.1 kg	ソラマメ	1石	0.126 t	ダイズ種子	1合	129 g
エン麦(玄麦)	1石	0.07875 t	インゲン	1石	0.135 t	ダイコン種子	1勺	12.75 g
ライ麦(玄麦)	1石	0.141375 t	アズキ	1石	0.144 t	タマネギ種子	1勺	9 g
トウモロコシ(乾燥)	1石	0.13125 t	ササゲ	1石	0.144 t			

郵便料金一覧表

通常郵便物の料金

平成 30 年 9 月 1 日現在

種類	内容	重量	料金
第一種（封筒）	定形郵便物	25gまで	82円
		50gまで	92円
	定型外郵便物（規格内）	50gまで	120円
		100gまで	140円
		150gまで	205円
		250gまで	250円
		500gまで	380円
		1kgまで	570円
	定型外郵便物（規格外）	50g以内	200円
		100g以内	220円
		150g以内	290円
		250g以内	340円
		500g以内	500円
		1kg以内	700円
		2kg以内	1,020円
		4kg以内	1,330円
第二種	通常はがき		62円
	往復はがき		124円
第三種（承認を受けた定期刊行物・開封）	下記以外の第三種郵便物	50gまで	62円
		50gを越え、1kgまで50gまでごとに	8円増
	毎月3回以上発行する新聞紙1部又は1日分を内容とし、発行人又は売りさばき人から差し出されるもの等	50gまで	41円
		50gを超え、1kgまで50gまでごとに	6円増
第四種（開筒）	通信教育用郵便物	100gまで	15円
		100gを超え、1kg（一部3kg）まで100gまでごとに	10円増
	点字郵便物、特定録音物等郵便物	3kgまで	無料
	植物種子等郵便物	50gまで	72円
		75gまで	110円
		100gまで	130円
		150gまで	170円
		200gまで	210円
		300gまで	240円
		400gまで	280円
		400gを超え、1kgまで100gまでごとに	51円増
	学術刊行物郵便物（日本郵便株式会社の指定するもの）	100gまで	36円
		100gを超え、1kgまで100gまでごとに	26円増

郵便物の重量・大きさの制限

区 別	重 量	大きさ	
		最大	最小
通 常 郵便物	第一種 4kg(定形は50g)まで ●第三種 ●第四種 }1kgまで (通信教育用郵便物の 一部、点字郵便物等は 3kgまで)	a(長さ)=60cm a + b + c = 90cm a b c ※定形郵便物の最大は 「a:23.5cm、b:1cm、c:12cm」 まで	① 円筒形かこれに似た形のもの 14cm 3cm ② ①以外のもの 14cm 9cm ● 特例 上記の制限より小さいものでも 6cm×12cm以上の耐久力のある 厚紙又は布製のあて名札を付け れば送れます。

特殊取扱の料金

種 類	区 別		段 階	料 金
書 留	通常郵便物	現金書留 損害要償額 50万円まで	損害要償額 1万円まで	430円
			損害要償額1万円を超える 5千円までごとに	10円増
		一般書留 (現金書留以外) 損害要償額 500万円まで	損害要償額 10万円まで	430円
			損害要償額10万円を超える 5万円までごとに	21円増
		簡易書留	損害要償額5万円まで	310円
速 達	通常郵便物		250gまで	280円
			1kgまで	380円
			4kgまで	650円
特定記録				160円
※ 引受時刻証明				310円
※ 配達証明	差し出しの際			310円
	差し出し後			430円
※ 内容証明	謄本1枚			430円
	2枚目から1枚ごとに			260円増
	謄本閲覧			430円
代金引換				260円
※ 本人限定受取郵便				100円
※ 特別送達				560円
配達日指定郵便	第一種郵便物、第二種郵便物、 及び第四種郵便物（点字郵便 物及び特定録音物等郵便物に 限る。）		原則として、配達予定日の翌日 から起算して10日以内の日。 （（ ）内は、日曜日又は休 日を指定した場合の料金）	31円 (210円)

(注1) ※印は、書留（簡易書留を除く）としたものに限り、この取扱いをします。
(注2) 書留や速達にする場合は、通常郵便物の料金に特殊取扱の料金を加算してください。

出産・長寿の祝

着帯祝	妊娠5ヵ月目に帯を締める式。これを岩田帯ともいう。多く戌の日を選んで行う。
七夜の祝	赤ちゃんが生まれて7日目の祝、この日命名。
宮参	男子は生後31日目、女子は33日目に産土神に詣でる式。西京地方では100日目に行うところもある。
食初祝	生後120日目にごはん、魚を食べさせる祝。
初誕生	赤ちゃんが生まれて満1年の誕生日に行う祝。
初節句	生後初めての節句で、女子は3月3日の雛祭、男子ならば5月5日の端午を祝う。
七五三祝	男女共3歳ならば髪置、男児5歳が袴着、女児7歳を帯解の祝いとして、いずれも11月15日に産土神に参詣する。
就学祝	子女が満6歳になり、初めて学校に入学するとき行う。
還暦の祝	本卦返りの祝いともいい、男女60歳の誕生日に行う。
古希の祝	人生70古来稀なり——というより長命のめでたさを祝う。70歳の誕生日に紅白の餅を作って知己に配る。
喜の字祝	77歳の誕生日に行う。77（七十七）の3字を合すると草書の喜の字に似ているということで餅、扇子、帛紗に喜の一字を書いて配る。
八十の祝	餅などを配って祝う。
米の字祝	88歳の誕生日に行う。88（八十八）の3字を重ねると米の字になるということで祝う。
白の字祝	99歳の誕生日に行う。百から一をとれば九十九になることに因む。
百の字祝	文字通り百歳のおめでたい祝。

時　候

正月	新春の候、初春の候、謹賀新年		
1月	厳冬の候、寒気厳しい折りから、酷寒のみぎり、厳しい寒さが続きます	7月	盛夏の候、酷暑のみぎり、暑さの厳しい折り、暑中お見舞申し上げます
2月	立春の候、余寒のみぎり、春寒の候、立春とは名ばかりの寒い日が続きます	8月	残暑の候、炎暑の候、晩夏の候、まだまだ暑さの厳しい今日この頃
3月	早春の候、春光うららかな季節となりました、ようやく春めいてきました	9月	初秋の候、立秋の候、さわやかな初秋の季節となりました
4月	陽春の候、春暖の候、桜花の節、春色日増しに心地好く感じられる季節となりました	10月	仲秋の候、秋冷の候、紅葉の節、菊香る好季節となりました
5月	新緑の候、若葉の候、風薫るさわやかな季節となりました	11月	晩秋の候、霜月の候、向寒の折りから、朝夕はめっきり冷え込む昨今
6月	初夏の候、梅雨の候、めっきり夏めいてまいりましたうっとうしい梅雨の季節となりました	12月	師走の候、寒冷の候、年末ご多忙の折りから、あわただしい年の瀬を迎え

日本列島、北から南まで美味珍味、郷土自慢の一品

お国じまん

●掲載順●

北海道・青森県・岩手県・宮城県・秋田県・山形県・福島県・茨城県・栃木県・群馬県・埼玉県・千葉県・東京都・神奈川県・新潟県・石川県・福井県・山梨県・長野県・岐阜県・静岡県・愛知県・三重県・滋賀県・京都府・大阪府・兵庫県・奈良県・和歌山県・鳥取県・島根県・岡山県・山口県・徳島県・香川県・愛媛県・高知県・福岡県・佐賀県・長崎県・熊本県・大分県・宮崎県・鹿児島県・沖縄県

北海道 道内全域

～居酒屋メニューの定番から進化～ 道民が愛する「ラーメンサラダ」

サラダとラーメンの麺が合体、コシのあるラーメンに、レタス、キュウリ、トマトなどの野菜、えび、ホタテなどの魚介具材、これにオリジナルのドレッシングをたっぷり絡めて食べます。

道内全域

（記事：124頁掲載）

青森県 野辺地町

青森県上北郡 野辺地町 「のへじ丼」

町内産「活ほたて」と「野辺地葉つきこかぶ」の二つの特産品の豪華コラボレーションが「のへじ丼」として誕生。
新鮮なほたてがいの刺身＆づけの海鮮丼と味噌貝焼きの丼、葉つきこかぶの小鉢のセットです。

野辺地町

（記事：172頁掲載）

岩手県 二戸市

雑穀文化の香り高い郷土食　雑穀で作る「へっちょこだんご」

たかきび粉、もちあわ粉、いなきび粉をそれぞれ丸めて中央をへこませ、煮立った小豆汁に入れたもの。語源は人間のへそに似ていること、一年間農作業で"へっちょ（苦労）"したことをねぎらう意味で付けられたという説もある。

（記事：100頁掲載）

宮城県 大崎市

大崎市岩出山地域の特産品　「岩出山凍り豆腐」

県内産大豆を使用した「岩出山凍り豆腐」の歴史は古く、江戸時代末期に斉藤庄五郎氏が奈良で「氷豆腐」の製造を学び、岩出山に持ち帰ったことが始まりと伝えられています。

（記事：222頁掲載）

- 243 -

秋田県

男鹿市

「男鹿しょっつる焼きそば」

地元の食文化ハタハタの魚醤を気軽に楽しんでもらえるメニューとして開発されました。

（記事：114頁掲載）

山形県

山形市・酒田市・東根市・上山市・西川町・高畠町・白鷹町等

雪国山形から春を届ける 「啓翁桜」

啓翁桜は冬に満開の花が楽しめる桜として人気が高く、全国一の生産量を誇っています。

（記事：226頁掲載）

福島県 二本松市

～米に代わる主食最高料理～ 「だんご汁」

だんご汁は戦時中の食糧難時代に米に代わる主食として貴重な存在でした。
だんごは、養蚕農家が忙しい合間に素早く作れて食べられる料理として重宝されました。

柔らかめのだんごを使ったもの（左）と
歯ごたえ重視で固めにしたもの（右）

（記事：110頁掲載）

福島県 喜多方市

～山の幸と海の幸がマッチ～ 「タラの山菜漬け」

日本海から喜多方市に運ばれたタラの塩漬けを山の幸といっしょに調理、タラの山菜漬けが出来ました。
形よく盛りつけられた料理は、食欲を誘います。

（記事：146頁掲載）

茨城県

筑西市・鉾田市・行方市

美しい紡錘形のいちご 「いばらキッス」

8年の歳月をかけて1万以上の系統の中から選抜された県オリジナル品種「いばらキッス」

美しい紡錘形が特徴のいばらキッス。
2月～3月に旬の時期を迎えます。

（記事：230頁掲載）

栃木県

那須塩原市・宇都宮市・鹿沼市

郷土の料理 「いも串」

栃木県では、里芋は煮物やけんちん汁などに欠かせない身近な農産物です。
「芋串」は、県内では、県北、鹿沼市周辺や宇都宮市の北部旧上河内地域などで作られる芋料理です。

甘辛い味噌だれが、食欲をそそります。

（記事：206頁掲載）

群馬県

伊勢崎市

[群馬県の伝統工芸品 「伊勢崎絣(かすり)」

伊勢崎絣は「太織」という残り物の繭から引き出した生糸を用いた織物で、本来自家用に生産されていたものでした。江戸中期にその基礎が築かれ、丈夫かつお洒落な縞模様が次第に人気を博し、江戸、京都、大阪へも出荷されるようになりました。

（記事：50頁掲載）

埼玉県

狭山市・所沢市・入間市

狭山茶コーラ

日本三大銘茶の一つ狭山茶を使用したコーラです。茶生産農家の若い後継者から生まれたアイデア商品です。

（記事：128頁掲載）

千葉県 長南町

レンコンとチーズの重ね焼き

長南町では、昭和40年頃からレンコンの栽培が行われています。
レンコンの穴を「先の見通しがきく」縁起物として、正月料理や祝い事に必ず使われてきました。

レンコンは、いろいろな料理に向きます。
チーズを焼きすぎないように気をつけてください。

（記事：188頁掲載）

東京都 八丈島

東京都八丈島の新たな特産品 「八丈フルーツレモン」

この島で作られている「八丈フルーツレモン」は、全国でも珍しい樹上完熟レモンであり、皮ごと食べて美味しい特別なレモンとして、島内外から注目を集めています。

（記事：10頁掲載）

神奈川県

平塚市

〜幻の芋が地域おこしの特産品〜 「クリマサリ」

平塚市大野産の芋「クリマサリ」。味は良いのですが、ほとんど加工用として使用されたため一般市場には出回らず、幻の芋といわれていました。菓子類や焼酎（写真参照）に使用され、地域おこしに貢献しています。

（記事：38頁掲載）

新潟県

村上市

大海（だいかい）

煮しめ風の、料理を入れる大きな塗りの蓋つきの器のことを大海といいます。
鶏肉を煮て、その出し汁で野菜を別々に煮ます。そして、「大海」の器に盛り合わせます。

（記事：136頁掲載）

石川県

県内全域

～七尾湾が育む能登の宝石～ 能登なまこ 最高級珍味「干くちこ」

"干くちこ"は、七尾湾で漁獲される厳冬期の「能登なまこ」からとれる貴重な卵巣（くちこ）を乾燥して作ります。
冬の冷たく乾いた風に当てて干すことで旨みが凝縮され深い味わいとなります。

（記事：192頁掲載）

福井県

奥越地域（大野市・勝山市）

奥越さといも

奥越地域は全国でも有数のさといもの産地です。
奥越さといもは、肉質のきめがとても細かく身が締まり、煮崩れしにくく、食べるとしっかりとした歯ごたえが特徴です。

（記事：196頁掲載）

山梨県　県内全域

富士の国やまなしの逸品農産物　「うんといい山梨さん」

県が厳選した優れた農産物を自信を持って消費者へお届けしているのが「富士の国やまなしの逸品農産物」です。認証された農産物は、「うんといい山梨さん」のロゴマークとともにＰＲしています。「うんといい」は気持ちのこもった最上級のほめ言葉です。

（記事：132頁掲載）

長野県　飯田市と下伊那郡

鮮やかなあめ色の果肉で上品な甘さ　「市田柿」

もっちりした食感と上品な甘さが特徴の一口サイズで食べやすい干し柿です。表面の白い粉は、干し上げの過程で果実内部から染み出したブドウ糖の結晶です。

川霧に包まれ、じっくりと干し上げることで、白い粉化粧をまとった独特の食感に仕上がります。

（記事：234頁掲載）

岐阜県

飛騨高山

山国で育まれたふるさとの味　飛騨高山の「ごっつお」

木の実や山野草、畑で育てる野菜を材料にして、素朴で淡泊ながら「ふるさとの味」を作り出した食文化は、海の幸を取り込んで「ごっつお」として祭りをはじめとする行事や日常生活に豊かさとうるおいを伝えてきました。

年とり膳とごっつお

（記事：118頁掲載）

静岡県

静岡市・伊豆市 等

～世界に認められた伝統栽培～　静岡の水わさび

県内のわさび栽培は、安倍川流域や伊豆半島など、豊富な湧水に恵まれた地域に広がり、独自の発展を遂げました。現在、生産量、栽培面積、産出額とも日本一であり、特に産出額は全国シェアの7割を占めるなど、高い地位と品質を誇ります。

（記事：210頁掲載）

愛知県

稲沢市祖父江町

～日本有数のイチョウの町からの贈り物～ 大粒の「祖父江ぎんなん」

木曽川がもたらす豊かな水源と栄養豊富な土に恵まれて大粒に育つ祖父江のギンナン。
特に厳しい選別基準により選び抜かれて出荷されるのが、稲沢市が誇る「祖父江ぎんなん」です。

（記事：176頁掲載）

三重県

県内（地図中の各所）

なれずしとは、塩漬けした魚を飯とともに漬けこむことにより、乳酸発酵して酸味が出て、出来上がるすしのことで、現在の一般的な食酢を使ったすしの原点。

三重県のなれずし

1 桑名市長島町大島
2 津市芸濃町萩野（はいの）
3 伊賀市音羽
4 伊勢市磯町
5 伊勢市佐八（そうち）
6 三重県度会郡度会町
7 熊野市有馬町
8 熊野市金山町
9 熊野市紀和町板屋
10 三重県南牟婁郡紀宝町浅里
11 三重県南牟婁郡紀宝町成川

鯖、秋刀魚、かますのなれずし

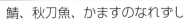

鯛、鯵のなれずし

このしろのなれずし

（記事：202頁掲載）

滋賀県

県内全域

～日本最古のブランド牛～ 「近江牛」

滑らかな肉質、しつこさのない甘い脂、芳醇な風味を合わせ持つと評価される近江牛。
江戸時代に唯一牛肉の生産が許されていました。そのため、近江牛は日本の牛肉文化の原点といえます

（記事：88 頁掲載）

京都府

京都府内全域

京のブランド産品

京のブランド産品、いわゆるブランド京野菜の認証制度は平成元年度より始まり、今年で 30 周年を迎えます。現在は果実、水産物及び加工品も加え、31 品目が認定されています。

（記事：16 頁掲載）

大阪府 貝塚市

～野菜界が誇る名役者～ 「大阪みつば」

大阪みつばは、土を使わず、環境制御された専用の水耕栽培施設で栽培されており、天候に左右されず、周年出荷することができます。特に旬である3月から4月は、茎が柔らかく、みずみずしくて美味しい時期です。

（記事：72頁掲載）

兵庫県 新温泉町

新鮮な春の味　海の妖精　「ホタルイカ」

日本海に春の到来を告げるホタルイカ。実は兵庫県が日本一の水揚げを誇ります。茹でたてのものは、外はプリッ、中はトロッとした旨味が格別です。

（記事：76頁掲載）

奈良県　大和高原

～1200年もの長い伝統を紡いできた奈良のお茶～　「大和茶」

「大和茶」は大同元年（806年）に弘法大師空海が唐から持ち帰った茶の種子を、弟子が現在の奈良県宇陀市榛原区赤埴の地に播いたのが栽培の起源とされています。

奈良県北東部の大和高原地域で主に生産される「大和茶」は味よし、色よし、香りよし。全国有名ブランド茶として品評会では上位入賞も果たしています。

（記事：54頁掲載）

和歌山県　有田市

たっちょほねく丼

有田市は、たちうお漁獲量日本一を誇っています。
たちうおを使った「たっちょほねく丼」は、全国どんぶり連盟主催、全国どんぶりコンテストのご当地丼部門で金賞になった絶品ご当地グルメです。

（記事：30頁掲載）

鳥取県

大山

~受け継がれる血統と品質~　肉質日本一！「鳥取和牛」

江戸時代に日本三大牛馬市の一つとして、大規模な市場が開かれるなど、鳥取県は古くから和牛の産地として知られています。

鳥取和牛は、脂が上質でとろけるような舌ざわりが特徴です。

（記事：68頁掲載）

島根県

県内全域

~身は脂肪分少なくヘルシー~　「アナゴのなべ」

大山が初冠雪すれば、なべシーズンの到来。

あっさりとした脂肪分の少ないアナゴを使った「アナゴのなべ」。

焼いたアナゴの香ばしさが漂い、一度食べたら病みつきになりそうです。

（記事：214頁掲載）

岡山県

総社市

そうじゃ特産商品シリーズ第4弾 「そうじゃ小学校カレーシリーズ」

以前、総社市では各小学校それぞれで給食を作る自校式を採用していました。
当時人気だった学校給食カレーの味を再現。レトロな味が人気です。

※画像は神在小学校版

総社市

歴史ある学校給食カレーをレトルトカレーで再現しました。
17校、それぞれ具材や味が異なることが特徴です。

（記事：164頁掲載）

山口県

周防大島（屋代島）

島で受け継がれる郷土の味 「茶がゆ」

瀬戸内海に浮かぶ、山口県周防大島（屋代島）の郷土料理です。
さつまいもを入れた節米食として、親しまれてきました。

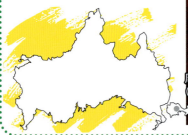
周防大島
（屋代島）

（記事：34頁掲載）

- 258 -

徳島県　県内全域

水のええとこ、銘酒あり　「阿波十割（あわじゅうわり）」

「阿波十割」は、県産酒米、県内採取の水を１００％使い、徳島で醸造された純米酒です。

味、香り、バランス、色沢がブランドとしてふさわしい商品を厳選し、徳島県酒造組合による審査を経て認定した商品です。

生粋の阿波に酔いしれてみませんか？

県内全域

（記事：184 頁掲載）

香川県　県内全域

～夏バテ防止のスタミナ食～　「どじょう汁」

田植え前の川ざらいの時や、田植えの後に川やため池からすくってきたどじょうと野菜、うどんを大鍋で煮て作ります。

夏バテ防止のスタミナ料理として集落の共同作業や寄り合いごとに今も食されています。

県内全域

（記事：158 頁掲載）

愛媛県　県内全域

飲むゼリーで通年あなたの側に　「高級かんきつ３兄弟」

愛媛県のかんきつから生まれた美味しいゼリー、高級かんきつ３兄弟。
JA えひめ中央が生みの親です。

右から「紅まどんな Ⓡ 入り飲むゼリー」「せとか入り飲むゼリー」「甘平入り飲むゼリー」。

（記事：154 頁掲載）

高知県　県内全域

チャーテ（ハヤトウリ）

藩政期に薩摩藩が熱帯アメリカから導入した「チャヨーテ（chayote）」を一般に「ハヤトウリ」とよびます。土佐にも入って、高知では「チャーテ」とよんでいます

チャーテの白和え

チャーテずし
（つめずし：まるで錦鯉が泳いでいるよう）

（記事：168 頁掲載）

福岡県 久留米市

日本一の激戦区で頑張る 「久留米の焼き鳥」

近年、日本一焼き鳥屋の出店密度が高い街として認められ、平成15年には「焼きとり日本一」の街を宣言しました。

豚の甘みが自慢の豚バラ

久留米名物のダルム

（記事：12頁掲載）

佐賀県 有明海沿岸

有明海の恵みを詰め込んだ 「佐賀海苔」

現在日本で流通する国産海苔のうち、およそ2割が佐賀県産。
有明海沿岸で養殖される「佐賀のり」は、昔からクオリティの高いことで知られ、「有明海産」を代表する名品といわれてきました。

（記事：42頁掲載）

長崎県

雲仙市小浜温泉

いつの時代も訪れる人を温かく　小浜温泉名物　「小浜ちゃんぽん」

100年前に長崎から海を越えて伝わった麺料理「長崎ちゃんぽん」。小浜の海と山の恵みを素材に名物「小浜ちゃんぽん」は生まれました。

（記事：62頁掲載）

熊本県

阿蘇地域

阿蘇のソウルフード！！　「たかな漬け」

阿蘇のカルデラ内でのみ栽培されている高菜を使用した「阿蘇たかな漬け」は独特のシャキシャキ感と香りと辛みが特徴で、活性酸素を抑え、動脈硬化や心筋梗塞を予防し、免疫機能を向上させると言われています。

（記事：92頁掲載）

大分県

大分市佐賀関

おんせん県大分味力おもてなし商品
「佐賀関くろめ藻なか味噌汁」

「佐賀関くろめ藻なか味噌汁」は、地域特産のくろめを刻み、天日で乾燥させ、丸くて可愛い最中にくるんだもので、お湯を注ぐだけで郷土食が味わえる手軽さが受けています。

（記事：80頁掲載）

宮崎県

県内全域

檀一雄も愛した、熱々揚げたての **「飫肥天（おびてん）」**

「飫肥天」は、宮崎県日南市飫肥地区に伝わる郷土料理。魚肉の練り物を油で揚げたいわゆる「揚げかまぼこ」です。調理に一工夫されたグルメな美味しさが自慢です。

（記事：106頁掲載）

鹿児島県　種子島・奄美大島

食べる手が止まらない黒糖自然食品　「がじゃ豆・味噌がじゃ豆」

「落花生」の生産で有名な種子島、奄美大島で作られる「落花生」を使った豆菓子が「がじゃ豆、味噌がじゃ豆」です。

（記事：20頁掲載）

沖縄県　県内全域

糖質制限で脚光を浴びる　アンダーカシ

「アンダーカシ」直訳すれば「油かす」。ローカルスナックとして長年愛され来ました。ところが最近「糖質制限ダイエット」という食事法で、絶好の低糖質食として一躍注目を集めています。

（記事：150頁掲載）

路傍の草花

四月

カキドオシ | 春先にどこでもみられる野草、むしろ雑草といってよいのかも。ラッパのような奇妙な花で、面白いです。花の色もすみれ色で美しい。

ニガナ | 乾燥した野に自生しています。だいたい群生していることが多く、遠目でみると高原に咲く花のようなシルエット。上品な姿形をしています。

五月

野あざみ | 空き地や野原でよく見かけた野アザミも、最近はとんと見かけなくなりました。紅紫色の花が人目を引きつけて、蝶をはじめ多くの昆虫を呼び寄せます。

クレマチス | 「テッセン」とも言う。古くから親しまれているガーデンプランツの一つで、英国ではつる性植物の女王として知られています。繁殖力があり、どんどん増えます。

五月

オカタツナミソウ

陽の良く当たる林床に、ぽつんと瑠璃のつぼみを抱えて佇んでいました。引き込まれるような青紫色。曇りや夕暮れ時だと惚れ惚れさせられます。

キマダラセセリとハルジオン

キマダラセセリがハルジオンの花に吸蜜にきています。よく見る光景ですが、春の暖かい日にこういう光景を見ると、ホッとします。

五月

カキツバタ | 水田のなかに1区画、カキツバタの群落がありました。おそらく農家の方が観賞用に趣味で植えられたのでしょう。あざやかな青紫の花が目の保養になります。

あぶらな | この花の華やいだ黄色は、ほかの草花のそれとは別物。菜の花やレンゲ草は、元来、人が目的をもって広めたわけですが、いまでは懐かしい日本の原風景になっています。

五月

アマドコロ

日陰の多い小道の崖で見かけました。鐘形のような白い花が特徴で、ちょうど旬を迎えています。葉はフラワーアレンジメントなどの花材としても利用される。

ハハコグサ

ビロードのようなフワフワした白い微毛に覆われていて、周りの植物と一線を画しています。ハハコグサは春の七草の一つで「おぎょう」という。

六月

キンシバイ | 梅雨の季節に鮮やかな黄色い花を咲かせる「金糸梅」。中国から伝わりましたが、いまでは日本庭園の顔です。池の端などに植わっていると思わずハッとします。

しゃが

アヤメ科の草花で、人里近くの森などやや湿った場所に自生。白地の花に青色の斑点がいくつも入り、基部の黄色とも相まって上品な雰囲気。

六月

うつぎ | 移植しにくいので、昔は畑などの境界木として植えられていた。この白い花が咲くと、梅雨の季節もすぐです。

サクラソウ | 畑の端に植えられていました。その紅色は遠くからもハッキリわかるくらい。江戸時代に武士のあいだで流行し、いまでは300以上の品種があるそうです。

六月

ハナウド | なぜか1株だけがぽつんと、ニョキッと、大きな枝葉を延ばしていました。ウドは漢字で書くと独活。草丈は1.5mくらいにもなる大型の植物です。

ガクアジサイ | 梅雨の季節の風物詩でもありますが、気候変動の影響からか、最近は梅雨前に咲いているような気がします。花の持ちも良く丈夫なので、庭に1株あると楽しめます。

◈付　　録◈

暮らしの記録簿

科目分類一覧表……………………………………………274

現金収支簿……………………………………………………276

日別・月別整理表…………………………………………318

科目別・月別収支・家計費集計表……………………326

贈答品控（もらい物・贈り物）………………………328

住　所　録…………………………………………………330

科 目 分 類 一 覧 表

科 目		分類番号	内 容 例 示
収入	農 業 収 入	01	米、麦、雑穀、豆類、いも類、野菜、果実、その他の作物（葉たばこ、茶、い、こんにゃく、てんさい等工芸農作物、花き、花木、苗木類、球根、種子）繭、鶏卵、豚、牛乳、牛馬等の畜産物の販売収入、家計消費など。農作業受託収入。
	給 料パ ー ト 賃 金	02	給料及び手当（ボーナス）、パート賃金
	財 産 的 収 入	03	固定資産の売却、預金等の引き出し、借入金、資産分割による増加（遺産相続、分家による被贈）。
	そ の 他 収 入	04	林業、水産業、商工業、その他農業以外の自営業からの収入、地代、利子、出稼ぎ者からの送金、もらいもの、年金扶助及び補助金等並びに家事収入（新聞、骨董品等の売却、賃貸間代など）。
支出	農 業 支 出	11	雇用労賃、種苗・苗木及び蚕種、もと畜、種付料、肥料、飼料、農業薬剤、諸材料及び加工原料、光熱・電力費、農具部品・修繕、農用自動車維持、農用建物維持修繕、賃貸料及び料金、土地改良費及び水利費、支払小作料、その他の農業支出。農業関連の借入金利子。
	農 外 支 出	12	林業、水産業、商工業、その他農業以外の自営業のための支出。農業関連以外の借入金利子。
	財 産 的 支 出	13	土地、建物、自動車、大農具、大動物（肥育牛を除く）・植物等の固定資産の購入、預貯金等預け入れ、借入金返済、資産分割による減少（遺産相続、分家のための贈与）偶発損失（盗難貸倒れなど）。
租 税 公 課 諸 負 担		20	国税、地方税、農業共済負担、国民年金、健康保険、その他の社会保険料、産業団体負担、その他の諸負担。
家計費	飲 食 費	31	穀類、いも、豆、野菜、海藻、果物類、魚介類、肉類、卵乳類、調味料、油脂類、菓子類、調理食品、飲料、酒類、外食、飲食関連サービスなどの支出。
	住 居 費	32	借地借家料、自宅維持修繕。
	光 熱 水 道 料	33	家庭用の電気、ガス、灯油などの購入支出、上・下水道料。

科　　　　目		分類番号	内　容　例　示
家計費	家具家事用品	34	家庭用耐久材（炊事用品、冷蔵庫、調理台、井戸ポンプ、掃除機、洗濯機、ミシン、扇風機、冷暖房用機具、たんす、応接セット、鏡台等）室内装備品、寝具類、家具類、家事雑貨、家事用消耗品、家事サービス代。
	被服履物費	35	和服、洋服、シャツ・セーター、下着、生地、糸類、履物、被服関連サービス（仕立、クリーニング等）
	保険医療費	36	医療品、保険医療用品、器具、診察料、入院費用。
	交通通信費	37	交通費、自動車等維持、通信代。
	教育費	38	授業料、教科書、参考書、補修教育。
	教養娯楽費	39	音響製品、写真機具、楽器、机・いす、子供用乗り物、文房具、運動用具、玩具、書籍、新聞、雑誌、旅行、受信料、観劇、現像・焼付、子供会・老人会の費用。
	雑費	40	小遣、諸会合、理美容、身の回り用品、たばこ代など、紛失金、罰金、さい銭、布施、募金など。
	贈答・送金	41	
	臨時費	42	冠婚葬祭、出産費など。

現金収支簿のつけかた

★　現金収支簿をつけるにあたって、まず、前年度からの繰越金を正確に勘定し、摘要欄には繰越金と書き、残高欄には繰越金額を記入します。

★　よそから品物を貰った場合、その品物を現金と考え、その現金で品物を買ったというように記入します。

★　組合員勘定等口座を利用して売買した場合は次のように記入します。
　　○農協を通じて野菜を売り、代金は農協口座に振り込まれた。
　　　代金を農業収入欄に記入→同額を「農協預金預入れ」として支出欄に記入。
　　○農協から肥料を購入し代金は口座から支払った。
　　　代金を農業支出欄に記入→同額を「農協預金引出し」として収入欄に記入。

★　肥料を買って代金を後で支払う場合には農業支出欄等に記入するとともに、収入欄に同額を記入し、そして代金を支払ったときに財産的支出として記入します。
　　逆に野菜等を売って後で貰う場合には、農業収入欄等に記入するとともに、支出欄に同額を記入し、後で貰ったときに財産的収入として記入します。

現 金 収 支 簿

月 日	摘　　　要	分類番号	現　金　収　支		
			収　入	支　出	残　高

月	日	摘　　　要	分類番号	現　金　収　支		
				収　入	支　出	残　高

月	日	摘　　　　要	分類番号	現　金　収　支		
				収　入	支　出	残　高

月	日	摘　　　　要	分類番号	現　金　収　支		
				収　入	支　出	残　高

月	日	摘　　　　　要	分　類番　号	現　金　収　支		
				収　入	支　出	残　高

月 日	摘　　　　要	分 類番 号	現　金　収　支		
			収　　入	支　　出	残　　高

月 日	摘 要	分 類番 号	現 金 収 支		
			収 入	支 出	残 高

月 日	摘　　　　　要	分 類番 号	現　金　収　支		
			収　　入	支　　出	残　　高

月	日	摘　　　要	分類番号	現　金　収　支		
				収　　入	支　　出	残　　高

月 日	摘　　　　要	分類番号	現　金　収　支		
			収　入	支　出	残　高

月	日	摘　　　要	分類番号	現　金　収　支		
				収　入	支　出	残　高

月	日	摘　　　　　要	分　類番　号	現　金　収　支		
				収　　入	支　　出	残　　高

月 日	摘　　　要	分類番号	現　金　収　支		
			収　　入	支　　出	残　　高

月 日		摘　　　要	分 類番 号	現　金　収　支		
				収　入	支　出	残　高

月	日	摘　　　　要	分類番号	現　金　収　支		
				収　入	支　出	残　高

月	日	摘　　　要	分類番号	現　金　収　支		
				収　入	支　出	残　高

月	日	摘 要	分類番号	現 金 収 支		
				収 入	支 出	残 高

月	日	摘　　　要	分類番号	現　金　収　支		
				収　　入	支　　出	残　　高

月	日	摘 要	分 類番 号	現 金 収 支		
				収 入	支 出	残 高

月 日	摘　　　要	分 類番 号	現　金　収　支		
			収　入	支　出	残　高

月	日	摘 要	分 類番 号	現 金 収 支		
				収 入	支 出	残 高

月 日	摘　　　要	分 類番 号	現　金　収　支		
			収　入	支　出	残　高

月 日	摘　　　　要	分類番号	現　金　収　支		
			収　入	支　出	残　高

月 日	摘　　　　要	分 類番 号	現　金　収　支		
			収　　入	支　　出	残　　高

月	日	摘　　　　要	分類番号	現　金　収　支		
				収　入	支　出	残　高

月	日	摘 要	分類番号	現 金 収 支		
				収 入	支 出	残 高

月	日	摘　　　　要	分 類番 号	現　金　収　支		
				収　入	支　出	残　高

月 日	摘　　　　要	分類番号	現　金　収　支		
			収　入	支　出	残　高

月 日		摘　　　要	分 類番 号	現　金　収　支		
				収　　入	支　　出	残　　高

月 日	摘　　　要	分類番号	現　金　収　支		
			収　入	支　出	残　高

月	日	摘　　　要	分類番号	現　金　収　支		
				収　入	支　出	残　高

月	日	摘　　　要	分類番号	現　金　収　支		
				収　入	支　出	残　高

月	日	摘　　　要	分 類 番 号	現　金　収　支		
				収　　入	支　　出	残　　高

月 日	摘　　　要	分類番号	現　金　収　支		
			収　入	支　出	残　高

月	日	摘　　　　要	分類番号	現　金　収　支		
				収　　入	支　　出	残　　高

月	日	摘 要	分類番号	現 金 収 支		
				収 入	支 出	残 高

月 日		摘　　　　要	分 類番 号	現　金　収　支		
				収　　入	支　　出	残　　高

月 日	摘　　　要	分 類番 号	現　金　収　支		
			収　　入	支　　出	残　　高

月 日		摘　　　　要	分 類番 号	現　金　収　支		
				収　入	支　出	残　高

月 日	摘　　要	分類番号	現　金　収　支		
			収　入	支　出	残　高

月 日	摘　　　要	分 類 番 号	現　金　収　支		
			収　　入	支　　出	残　　高

月 日	摘　　　　要	分 類番 号	現　金　収　支		
			収　　入	支　　出	残　　高

日 別 ・ 月 別 整 理 表　　〔項目：　　　　　　　　　　　　　単位：　　〕

	1 月	2 月	3 月	4 月	5 月	6 月
1						
2						
3						
4						
5						
6						
7						
8						
9						
10						
11						
12						
13						
14						
15						
16						
17						
18						
19						
20						
21						
22						
23						
24						
25						
26						
27						
28						
29						
30						
31						
合　計						

毎日記録したいもの、例えば牛乳や鶏卵の生産量（額）、家計費、小遣等の支出整理に利用してください。

7 月	8 月	9 月	10 月	11 月	12 月	チェック計

日 別・月 別 整 理 表　　〔項目：　　　　　　　　　　　単位：　　〕

	1 月	2 月	3 月	4 月	5 月	6 月
1						
2						
3						
4						
5						
6						
7						
8						
9						
10						
11						
12						
13						
14						
15						
16						
17						
18						
19						
20						
21						
22						
23						
24						
25						
26						
27						
28						
29						
30						
31						
合　計						

毎日記録したいもの、例えば牛乳や鶏卵の生産量（額）、家計費、小遣等の支出整理に利用してください。

7 月	8 月	9 月	10 月	11 月	12 月	チェック計

日 別 ・ 月 別 整 理 表　〔項目：　　　　　　　　　単位：　　〕

	1 月	2 月	3 月	4 月	5 月	6 月
1						
2						
3						
4						
5						
6						
7						
8						
9						
10						
11						
12						
13						
14						
15						
16						
17						
18						
19						
20						
21						
22						
23						
24						
25						
26						
27						
28						
29						
30						
31						
合　　計						

毎日記録したいもの、例えば牛乳や鶏卵の生産量（額）、家計費、小遣等の支出整理に利用してください。

7　月	8　月	9　月	10　月	11　月	12　月	チェック計

日 別 ・ 月 別 整 理 表　　〔項目：　　　　　　　　　　単位：　　〕

	1 月	2 月	3 月	4 月	5 月	6 月
1						
2						
3						
4						
5						
6						
7						
8						
9						
10						
11						
12						
13						
14						
15						
16						
17						
18						
19						
20						
21						
22						
23						
24						
25						
26						
27						
28						
29						
30						
31						
合　計						

毎日記録したいもの、例えば牛乳や鶏卵の生産量（額）、家計費、小遣等の支出整理に利用してください。

7 月	8 月	9 月	10 月	11 月	12 月	チェック計

科 目 別 ・ 月 別 収 支

科目 月	収　　　　　入				
	農 業 収 入	給料・パート	財産的支出 （預貯金等引出し）	その他収入	収 入 計
1					
2					
3					
4					
5					
6					
7					
8					
9					
10					
11					
12					
計					

科目 月	家　　　計　　　費					
	飲 食 費	住 居 費	光熱・水道料	家具用品費	被服・履物費	保険・医療費
1						
2						
3						
4						
5						
6						
7						
8						
9						
10						
11						
12						
計						

・ 家 計 費 集 計 表

支					出
農 業 支 出	農 外 支 出	財産的支出 （預貯金等預入れ）	租税公課負担	家 計 費	支 出 計

家		計		費	
交通・通信費	教 育 費	教養・娯楽費	諸 雑 費	贈答・送金	臨 時 費

贈答品控え

月日	贈り主	理 由	品 名	見積価額 円

もらい物（現金を含む）控え

月日	贈り主	理 由	品 名	見積価額 円

贈り物（現金を含む）控え

月日	贈り先	理　由	品　名	見積価額 円	月日	贈り先	理　由	品　名	見積価額 円

住　所　録

氏　　名	〒	住　　　所	☎

住 所 録

氏　　名	〒	住　　　　　所	☎

住　所　録

氏　　名	☎	住　　　　　所	☎

住　所　録

氏　　名	☎	住　　　　　所	☎

【13年ぶりの最新刊】 2018年版 農林水産統計用語集 —農林水産業の未来が見える—		農林統計協会 編 B6判上製 516頁 本体価格4,500円 「2005改訂 農林水産統計用語事典」発刊以来、13年ぶりの大改定。統計を親しめられるよう、初めての試みとして「農林水産統計調査一覧」「農林水産統計調査の概要」「まちがいやすい統計用語」「農林水産統計利用の上手な利用方法」「統計所在案内」などを収録。
【新年度版】 平成30年版 食料・農業・農村白書		農林水産省 編 A4判 380頁 本体価格2,600円 特集では、日本の農業の次世代を担う若手農業者に焦点を当てた分析を掲載。トピックスは「産出額が2年連続増加の農業、更なる発展に向け海外も視野に」「日EU・EPA交渉の妥結と対策」「『明治150年』関連施策テーマ 我が国の近代化に大きく貢献した養蚕」「動き出した農泊」の4つを掲載した。
【新年度版】 平成30年版 森林・林業白書		林野庁 編 A4判 326頁 本体価格2,200円 冒頭のトピックスは「森林環境税(仮称)の創設」「日EU・EPAの交渉結果等」「「地域内エコシステム」の構築に向けて」「「日本美(うつく)しの森 お薦め国有林」の選定」「明治150年～森林・林業の軌跡～」等を紹介した。特集テーマは「新たな森林管理システムの構築」。
【新年度版】 平成30年版 水産白書		水産庁 編 A4判 272頁 本体価格2,400円 「水産業に関する技術の発展とその利用～科学と現場をつなぐ～」を特集。水産物の安定供給と水産業の健全な発展を図るために進めている各施策について、全国のさまざまな取り組み事例も紹介しつつ解説。
祖田修著作選集 第4巻 日本のコメ問題論集 -アグリ・ミニマムの思想-		祖田修 著 A5判上製 252頁 本体価格4,800円 日本農業の"聖域"として守られてきたコメ生産は、世界的な農産物貿易自由化の流れのなかで曲がり角にきている。著者は各国の生産条件の違いを互いに尊重し、産業的特性、社会的特性等を共有するなかで、アグリ・ミニマム(最小限の農業の維持)の重要性を主張する。
戦後日本の食料・農業・農村 第4巻 低成長期		梶井功、田中学：編集担当 A5判上製 252頁本体価格7,000円 戦後、急速な成長を見せた日本経済。しかし、1970年以降の低成長期に入ると農産物需要は低迷し、それに伴って価格が下落、質の向上や差別化が求められ、生産調整の時代に突入した。低成長期の農業の状況と対応を考察する。
2015年農林業センサス 総合分析報告書		農林水産省 編 A5判 416頁 本体価格3,800円 過去の農林業センサス結果や他の統計、検討委員がフィールドワークで培った見識等も含めて、農林業の生産構造や就業構造の現状、農山村の実態を総合的・多角的に分析した結果を取りまとめた。
2015年 農林業センサス		第1巻 都道府県別統計書 47都道府県 　　　　　　　　　　　　　　　　　刊 行 電子データ・農業集落カード　好評発売中

 発 行　一般財団法人農林統計協会　　〒153-0064　東京都目黒区下目黒3-9-13 目黒・炭やビル
TEL03-3492-2987/FAX03-3492-2942
URL http://www.aafs.or.jp/

農家の1年をコンパクトにまとめる

2019年 平成31年 新農家暦

A5判 並製88頁
定価520円（本体482円＋税）

◎暦として、1年の備忘録として、生活便利帳として、農家の実用ハンドブックとして。または、趣味と実益のガイドブックとしても。A5判のハンディーサイズで、いろいろ使えて便利です。
◎家庭菜園、健康、マナー、豆知識など、生活に役立ち楽しく得する記事が満載の1冊です!

発行： 一般財団法人 農林統計協会

〒153-0064　東京都目黒区下目黒3-9-13　目黒・炭やビル
TEL 03(3492)2987　FAX 03(3492)2942
URL http://www.aafs.or.jp/

一般社団法人 全国生鮮食料品流通情報センターのご提供する

生鮮食料品流通情報サービス

生鮮食料品流通情報サービスは農林水産省統計部が調査・公表する青果物・畜産物等の市況情報や各種流通情報をFAX・パソコン・メール等にて毎日提供しています

青果物情報
全国30市場の
入荷量や品目別卸売価格
さらに品目毎に編集されたデータ

畜産物情報
食肉（牛・豚）の市況情報
鶏卵・食鳥の市況情報
と畜情報
（主要なと畜場のと畜頭数）

輸入量情報
青果物・畜産物の
輸入数量・価格など輸入動向

消費情報
青果物・畜産物の
家計購入数量及び価格

情報が公表され次第、即時送信いたします
ご利用者様の手を煩わせず、情報がお手元に届きます

パソコンサービスでは
CSV/PDF形式にてご提供
過去2週間分の情報が検索可能

全国青果物流通統計年報
（A4判）
主要市場の卸数量や、
価格の調査に役立ちます

MICちゃん

一般社団法人 全国生鮮食料品流通情報センター
Market Information Center for Perishable Food

〒111-0051　東京都台東区蔵前3-12-8 岡安ビル8階
TEL 03-3866-0010　FAX 03-3866-0011
http://www2s.biglobe.ne.jp/~fains/

—— 迅速・ていねい・確実 ——

梱包・発送の業務代行

荷 造／梱 包／発 送／保 管

朝日梱包株式会社

代表取締役社長　髙 橋　智

〒130−0022
東京都墨田区江東橋5丁目7番10号
電話　03−5624−5560　　ファックス　03−5624−5563
URL http://www.asahi-konpo.co.jp

思い出を語る、思い出を綴る……
歩みを振り返る、貴重な一冊

自分史、エッセイ、歌集、社史、記念誌………。
本の事なら何でもご相談ください。
編集からお手伝いさせていただきます。

■自費出版の制作をご用命ください

藤原印刷株式会社

TEL.0263-33-5092㈹

〒390-0865 松本市新橋7-21
http://fujiwara-i.com mail:info@fujiwara-i.com
東京支店：千代田区神田小川町2-4-5 ☎03-3291-0191㈹

重 要 書 類 控 （預貯金、保険、有価証券類、免許証、鑑札、その他）

種　　　　別	番　　号	備　.　考

家　　族　　控

氏　　　　名	続柄	生　年　月　日	年齢	血液型	備　　考
		・　　・			
		・　　・			
		・　　・			
		・　　・			
		・　　・			
		・　　・			
		・　　・			
		・　　・			
		・　　・			

あとがき

　このファミリー日誌の編集に際しては、各都道府県、市町村、JA、観光協会などの関係者各位から貴重な原稿をお寄せいただき、これを掲載することができました。

　発刊に当たり、各位に対し深甚の謝意を表します。

平成31年版　ファミリー日誌（2019年）

定価1,500円
（本体1,389円＋税）

平成30年10月31日　発行

編　　集　一般財団法人　農 林 統 計 協 会

印　　刷　藤 原 印 刷 株 式 会 社

発　行　一般財団法人 農 林 統 計 協 会
〒153-0064 東京都目黒区下目黒3丁目9-13（目黒・炭やビル）
電話　東京03（3492）2987番
FAX　東京03（3492）2942番
郵便振替　00190-5-70255

乱丁、落丁がありましたならば、直ちにお取り替えいたします。

氏名　　　　　　　　　　　　☎

住所　〒

ISBN978-4-541-04253-8 C0061